项目支持：
公益性行业(气象)科研专项(编号:GYHY201106033)
国家自然科学基金项目(编号:40975089)
中国科学院大气物理研究所大气边界层物理和大气化学国家重点实验室开发课题(编号:LAPC-KF-2011-05)
国家科技支撑计划重大项目(编号:2006BAK01A14)

室内核生化危害数值模拟

柯佳雄　宋黎　刘峰　黄顺祥　编著

内容简介

针对室内核生化危害的现实问题，系统地阐述了对危害进行数值模拟、预测、评价和实验验证的原理，并通过实例对模拟方法进行应用演示。对于核生化危害模拟中特有的问题，如释放源的处理、危害评价模型等进行了专门的研究。

本书可供室内环境污染治理、安全管理、通风防护、消防等相关领域的科研人员、管理人员、高校教师和研究生阅读和参考。

图书在版编目(CIP)数据

室内核生化危害数值模拟/柯佳雄等编著.—北京：气象出版社，2012.12

ISBN 978-7-5029-5658-5

Ⅰ.①室… Ⅱ.①柯… Ⅲ.①室内空气-核污染-数值模拟 Ⅳ.①X51

中国版本图书馆 CIP 数据核字(2012)第 313781 号

Shinei Heshenghua Weihai Shuzhi Moni

室内核生化危害数值模拟

柯佳雄 宋 黎 刘 峰 黄顺祥 编著

出版发行：气象出版社

地　　址：北京市海淀区中关村南大街 46 号　　**邮政编码**：100081

总 编 室：010-68407112　　**发 行 部**：010-68409198

网　　址：http://www.cmp.cma.gov.cn　　**E-mail**：qxcbs@cma.gov.cn

责任编辑：蔺学东　　**终　　审**：章澄昌

封面设计：博雅思企划　　**责任技编**：吴庭芳

印　　刷：北京中新伟业印刷有限公司

开　　本：787 mm×1092 mm 1/16　　**印　　张**：8.75

字　　数：215 千字

版　　次：2012 年 12 月第 1 版　　**印　　次**：2012 年 12 月第 1 次印刷

定　　价：30.00 元

本书如存在文字不清、漏印以及缺页、倒页、脱页等，请与本社发行部联系调换

序

近年来，室内空气污染及其对人们健康的危害得到越来越多的关注，各国科学家从不同的角度，利用各种手段对室内空气污染的来源、成分、环境健康效应等进行了广泛而深入的研究，取得了大量的理论和技术成果。采用数值模拟，对室内污染物的源项、扩散分布和危害后果进行分析和预测，是研究室内空气污染的重要方法。室内空气污染的数值模拟领域已经有不少优秀的专著出版，但对于放射性、化学和生物物质等特种污染物在室内造成危害的模拟研究还不多见。由于核生化物质较之普通污染物具有特殊的危险性，在室内人群密集场所可能造成更加严重的伤害后果，已经成为迫切需要研究的课题。

室内核生化危害的数值模拟，包括对核生化物质源项的分析，对物质扩散、沉降、衰减等过程进行数学建模，对危害效应进行定量评价等，涉及环境科学、安全科学、计算流体力学、毒理学、微生物学等一系列理论和技术，属于多学科交叉的研究领域。本书的几位作者有着多年从事核生化危害模拟、评价、应急处置科研和教学工作的丰富经验，从大量的业务工作中提炼出重要的科学问题，并发展了数值模拟的方法进行分析和预测，取得了丰硕的创新成果。

本书从当前面临的室内核生化危害现实问题出发，系统地阐述了对危害进行数值模拟的原理，并结合实验数据，对有毒有害物质扩散分布的模拟结果进行了验证。对于核生化危害模拟中特有的问题，如释放源的处理、危害评价模型等也进行了深入的研究。由于室内核生化物质扩散的复杂性，除了对计算流体力学模拟方法进行了研究和应用之外，对于一些简化快速算法，如多区模型、区域模型等方法也进行了介绍，并对模拟技术的优化和应用效率进行了专门的探讨，旨在提高模拟技术的实用性。在作者实践的基础上，对当前常用的计算流体力学模拟软件也进行了介绍，为读者提供参考。

总之，本书的出版，是对核生化危害评价领域的重要贡献，相信它能够为环境、安全等相关专业的科研和管理人员提供理论和技术上的帮助，也可为相关领域的研究提供有益的思路。

陈海平

2012 年 9 月

前 言

20世纪90年代以来,国际上恐怖事件爆发频繁,其中核生化恐怖更是各国所面临的重大安全威胁之一。此外,由于战争、自然灾害或事故造成放射性、化学物质泄漏,或者由于传染病流行造成致病微生物的传播,也对人们的健康和生命构成严重威胁。这些核生化物质,以气态或者气溶胶状态造成室内空气污染,由于空间受限不易稀释,可能达到较高的浓度并持续较长的时间,与室外污染相比可造成更加严重的后果。

核生化物质在空气中的扩散和危害评价是应对核生化威胁所必须重点研究的科学问题。"9·11"恐怖袭击事件后,美国等科技发达国家加紧研究先进的核生化环境模拟和风险评价技术,力求实现全球、战场、建筑物内等全方位高准确度的核生化危害预测。国内也开展了一系列核生化环境数值模拟研究,对放射性粒子、毒剂云团和致病微生物粒子扩散浓度的计算都有较多的研究成果发表。

本书针对室内核生化物质扩散传播和危害评价的多学科交叉的特点,力求从实际应用的角度出发,重点阐述基本的、常用的理论和方法,避免繁琐的数学推导过程,并与作者业务工作经验紧密结合,通过实例对所述原理进行应用示范。主要包括以下内容:(1)计算流体力学基本方程、湍流模型、数值计算格式、边界条件处理和网格技术等;(2)简化实用模型,如室内通风射流理论、多区模型、区域模型等;(3)核生化危害模拟中的特殊问题,如释放源的处理、危害评价模型等;(4)模拟结果的实验验证,包括实验设计与实施、流场模拟的验证和浓度预测的验证等;(5)常用数值模拟软件的介绍。

本书的出版得到了公益性行业(气象)科研专项(编号:GYHY201106033)、国家自然科学基金项目(编号:40975089)、中国科学院大气物理研究所大气边界层物理和大气化学国家重点实验室开发课题(编号:LAPC-KF-2011-05)、国家科技支撑计划重大项目(编号:2006BAK01A14)的资助,在此一并致谢。感谢中国科学院大气物理研究所胡非研究员、程雪玲博士等专家为作者在计算流体力学软件使用方面,北京建筑工程学院李德英教授等老师在实验研究方面提供的指导和帮助。在本书出版过程中,得到了防化学院各级领导和相关专家的大力支持和热心指导,在此表示特别的感谢。作者衷心地感谢气象出版社蔺学东编辑等各位同仁在本书出版过程中提供的热情帮助和宝贵建议。

由于作者水平有限,有不妥和错误之处,恳请读者批评指正。

作　者

2012 年 6 月

目 录

第 1 章　概　论

1.1　室内核生化危害环境的范畴

美国蒙特雷国际研究学院的防扩散研究中，建立了自 1900 年以来全球范围内涉及生物、化学、放射性与核材料的各类恐怖袭击事件的开放性数据库。截至 2003 年 6 月，数据库中收录的上述类型的恐怖事件已达到 1154 起，图 1-1 中按照时间顺序列举了自 1970 年以来在世界范围内产生较大影响的生化及放射性恐怖袭击的事件。1995 年 3 月 20 日东京地铁沙林事件最终造成 13 人死亡，5550 受伤，1036 人住院治疗。“9.11”事件后，美国政府部门、主要媒体、国会首脑和其他一些重要目标遭受了连续的炭疽恐怖袭击，造成美国国内的恐慌。截至 2001 年 11 月 30 日，先后有 18 人感染炭疽，其中 5 人死亡。此外，诸如“非典型肺炎”传染病、禽流感及甲型 H1N1 流感等生物病毒在人群中的扩散和传播，给社会稳定和人民生命安全带来了巨大影响。

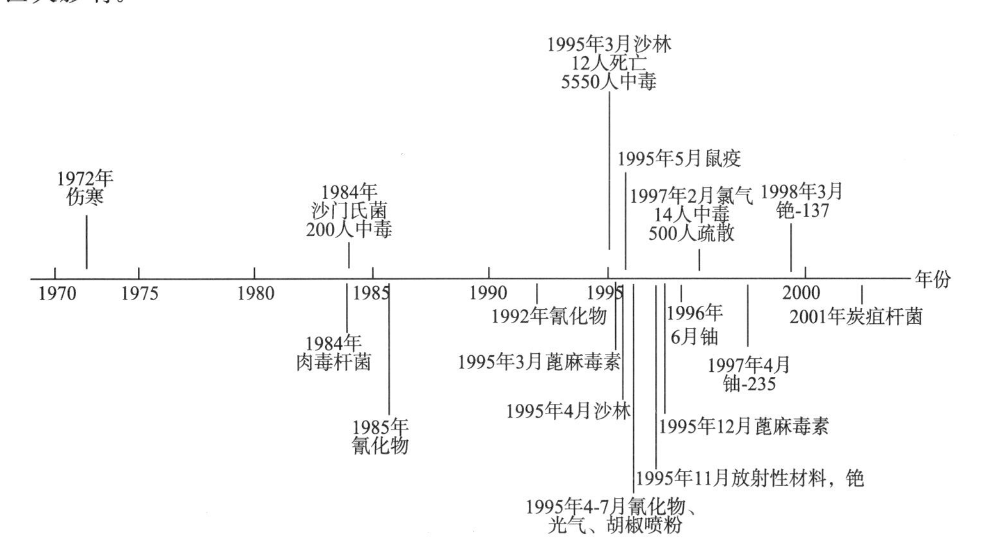

图 1-1　1970 年以来历史上典型的放射性化生恐怖袭击事件

在诸如写字楼、酒店、商场、体育馆、剧院、车站、机场等典型商用建筑，地铁、人防工程等地下建筑，汽车、火车、飞机、轮船等交通工具，军舰、坦克、装甲车、潜艇等军用装备，核电站、化工厂、生物安全实验室等核生化设施，所有这些室内环境都面临着各种不同的核生化威胁。从产生导致室内核生化危害的原因分析，以人为主观原因造成核生化物质泄漏或施放，其危害后果最为严重，难以防范。

1.1.1 室内核生化危害物质的存在状态

核生化有毒有害物质在室内空气中的存在状态，是由其本身理化性质及其形成过程决定的，通风环境、气温、湿度等对其产生一定的影响，通常呈气态或者气溶胶状态。气态是指物质在常温下以气体形式分散在空气中，如甲醛、氡、氯化氢和易挥发性有机物等；而在常温常压下是液体或固体的物质，如苯、酚、汞等，由于其沸点或熔点低，挥发性大，因而能以蒸汽态挥发到空气中。不论是气体分子还是蒸汽分子，其运动速度都较大，扩散快，并在空气中分布比较均匀。且扩散情况与其相对密度有关，相对密度小者向上漂浮，相对密度大者向下沉降。

另一存在状态是气溶胶状态，即固态或液态物质以微小的颗粒形式分散在气流或空气中形成的均匀分散系。颗粒大小以颗粒的物理形状和直径来表示，极细的颗粒受布朗运动所支配。细小颗粒能聚集或凝并成较大的颗粒；较大的颗粒多具有固体物质的特点，受重力影响大。气态(蒸汽)物质和气溶胶都随着室内空气流动而不断扩散，其扩散过程受到室内布局、通风方式、热源等多种因素的影响，十分复杂，不同的室内环境，其核生化危害程度也不尽相同。

有毒有害气态物质能够直接通过呼吸道吸入、皮肤沾染、黏膜刺激等产生毒害效应。而颗粒物是一种成分复杂的混合物，其毒害效应与其来源、形态、粒径及吸附在其表面上的各种有毒有害核生化物质相关。颗粒物粒径越小，在空气中的稳定程度越高，沉降速度越慢，被吸入呼吸道的几率就越大，因而增大了其毒害效应。颗粒物对人体健康的危害与颗粒物的粒径大小和成分以及在呼吸道中沉积的部位有着密切关系。通常粒径大于 30 μm 的颗粒很少能进入呼吸道，故对人体健康危害较小；粒径 10 μm 以上的颗粒物大部分被阻挡在上呼吸道(鼻腔和咽喉部)，小于 10 μm 的颗粒物能够穿过咽喉部进入下呼吸道，特别是粒径小于 5 μm 的颗粒物能沉积在呼吸道深部肺泡内，对人体健康危害更大。

1.1.2 室内核生化危害环境的分类

1.1.2.1 室内核危害环境

室内核危害环境，亦可称为室内放射性危害环境，指放射性物质及其气溶胶在室内散布或泄漏形成的危害环境。相对化学、生物危害而言，室内核危害产生的可能性更低，但一旦形成，其危害也更加严重，处置也更加复杂困难。其主要威胁源于室外放射性危害对室内的影响，这是因为放射性物质更容易被探测，而利用高放射性废料制造“脏弹”对重要目标实施袭击的可能性不能排除，一旦发生袭击，对下风方向一定距离内的建筑物均会造成影响。

1.1.2.2 室内化学危害环境

室内化学危害环境，是指化学有毒有害物质在室内散布形成的危害环境，是最可能发生的一种类型。平时建筑室内环境本身就面临各种化学危害，如家具、涂料散发的有毒有害物质，化学环境污染物形成室内污染等；人为故意释放也会产生化学危害环境，如国外发生的历次化学恐怖袭击，恐怖组织在恐怖活动中使用有毒化学物质的技术相对成熟，使用的频率较高，而且可用于化学恐怖活动的物质较多。

1.1.2.3 室内生物危害环境

室内生物危害环境，是指致病微生物、生物毒素或制剂在室内散布形成的危害环境。室内空气中存在着大量的微生物，通常可用菌落总数指标来衡量，菌落总数越高，存在致病性微生物（细菌、真菌、病毒）的可能性越高，可使人感染而致病，或引发哮喘等变态反应性疾病。常见的过敏原有真菌孢子、纺线菌孢子、尘螨、花粉等。近年来，流感等传染病时有发生，而大多都可通过唾沫等在空气中传播，尤其是人员聚集的室内环境中，人员极易受到感染。此外，不排除人为故意投放病毒、毒素制造生物恐怖的可能，如美国发生的邮件携带炭疽杆菌的事件。

1.1.3 室内核生化危害特点

1.1.3.1 危害途径广，持续时间长，后果严重

核生化有毒有害物质可通过多种途径对人员产生伤害。生物化学有毒物质可通过呼吸道吸入、皮肤渗透、食入等方式对人员造成伤害；放射性物质可通过体外照射、体内照射、皮肤沾染等方式对人员造成伤害。许多核生化物质的危害都具有潜伏期，危害效应须长时间后才能显示出来。如放射性物质污染所引起的致癌、致突变作用需要在较长时间后才能显示出来，炭疽的潜伏期为1～7天，“非典”感染者的潜伏期为10～15天。

人员密集的地铁、体育场、会议室、车站、机场等公共场所，一旦遭受核生化恐怖袭击，将造成大规模的人员死伤，可导致社会大范围的精神恐惧和混乱，在较长时间内出现人人自危的现象，严重影响正常的经济建设和社会秩序。例如，2001年3月，日本《读卖新闻》对2000人进行的民意调查显示，81%的人仍对东京地铁沙林事件心存忧虑；2003年爆发的“非典”灾害，其感染范围、危害后果是空前的，共造成了全球20多个国家的8439人感染，812人死亡，并给受害地区的经济建设和社会秩序造成了较大影响。

1.1.3.2 危害处置技术性要求高、难度大

对室内核生化危害物质的处理工作要求高、技术性强，需要有专业的技术装备和专门的处置人员。例如，为切断和控制放射性或有毒有害物质外泄，须采取各种工程技术手段；为鉴别确定和抢救治疗受害人员，需要使用特殊的医疗设备、专用的药品和技术手段；为检测确定污染危害的性质、程度和范围，需要使用宽量程、高灵敏度、高精度的核生化监测设备；为对污染区实施有效洗消，需要使用特殊的消毒剂；为使人员免受核生化危害，需要采取特殊的防护措施等。

1.2 室内核生化危害物质的类别

1.2.1 有毒有害核物质的类别

国际原子能委员会从工业、医疗、农业、科教、军事等领域所应用的各种放射源的安全与保安角度，将有毒有害核物质分为3个类别，其中包括：钴-60、铯-137、铱-192、铥-170（较少用）、镭-226、锶-90、钯-103、镅-241等放射性同位素的密封源；用于制造核武器的核原料铀-235、钚等；用于核电站发电的核原料等。核与放射性恐怖事件核素统计如图1-2所示。

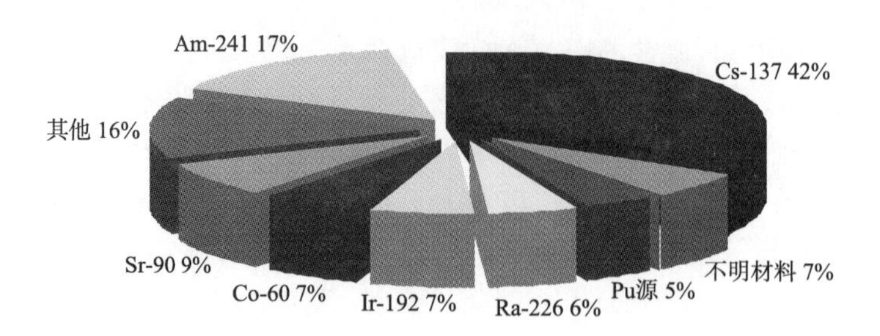

图 1-2　核与放射性恐怖事件核素统计

1.2.2　有毒有害化学物质的类别

中国安全生产科学研究院根据《危险化学品安全管理条例》(中华人民共和国国务院第334号)规定,汇编了《危险化学品名录汇编》,其中,将有毒有害化学物质分为“危险化学品”、“剧毒化学品”、“高毒物品”三大类,其中,“危险化学品”有高氯酸、硝酸脲、重氮甲烷等2800多种;“剧毒化学品”有硫酸(二)甲酯等335种;“高毒物品”有氰化氢、砷化(三)氢、苯、氟乙酸等54种。在我国,生产多、应用广、流通性大的常见常用有毒有害化学物质约1000种,包括氯、光气、苯酚、氨等。

1.2.3　有毒有害生物的类别

据有关机构统计,有可能用于制造生物恐怖的微生物(毒素)总计约44种之多。包括:

(1)细菌类:炭疽杆菌(炭疽)、土拉弗朗西斯菌(土拉菌病)、布鲁氏菌(波浪热)、类鼻疽伯克氏菌(类鼻疽假单胞菌病)、伯克考克斯氏菌(Q热)、鼻疽伯克氏菌(鼻疽)、伤寒沙门氏菌(伤寒)、志贺氏菌(痢疾)、耶尔森氏菌(鼠疫)、霍乱弧菌(霍乱)等。

(2)病毒类:汉坦病毒、刚果克里米亚出血热病毒、利夫热山谷热病毒、埃博拉病毒、马尔堡热病毒、淋巴细胞性脉络丛脑膜炎病毒、阿根廷出血热病毒、玻利维亚出血热病毒、拉沙热病毒、森林脑炎病毒、登革热病毒、黄热病病毒、鄂木斯克出血热病毒、日本脑炎病毒、西方马脑炎病毒、东方马脑炎病毒、基孔肯亚病毒、委内瑞拉马脑炎病毒、天花病毒、猴痘病毒、流感病毒、艾滋病毒、疙疹病毒等。

(3)立克次(衣原)体类:五日热巴尔通体(战壕热)、立氏立克次体(斑点立克次体病)、梅毒螺旋体(梅毒)、普氏立克次体(斑疹伤寒)、鹦鹉热衣原体(鹦鹉热)等。

(4)真菌及原生动物类:恙虫病东方体(恙虫热)、粗球孢子菌(球孢子菌)、杜波组织胞浆菌(组织胞浆菌病)、弓形虫(弓形体病)、血吸虫(血吸虫病)等。

(5)毒素类:蓖麻毒素、相思豆毒素、肉毒毒素、河豚毒素、石房蛤毒素、黄曲霉毒素、葡萄球菌肠毒素、志贺氏毒素等。

1.3　数值模拟研究现状及发展趋势

随着计算机技术的不断发展,越来越多的研究者采用数值模拟方法来解决建筑物设计和评估中所涉及的建筑物内空气流动和空气质量等问题。其主要优点是模拟精确度高,所得的流动参数信息量大,能满足工程设计的现实需求。数值模拟方法已成为解决工程应用问题的一种重要方法和手段，得到广泛的应用。这些理论和技术为准确计算室内有毒有害物质的扩散浓度分布、正确评估有毒有害物质对人员的伤害提供了坚实基础。

1.3.1 室内核生化危害数值模拟研究的意义

针对室内环境所面临的现实核生化威胁，研究室内有毒物质释放、扩散规律和特点，采用数字化仿真技术手段，科学准确地计算毒物的扩散分布，正确评价毒物的危害后果，利用可视化技术将仿真结果以图形或视频等形式展示核生化危害态势，如有毒物质扩散范围、危害持续时间、危害区域等。能够直观再现室内有毒核生化物质的扩散过程，仿真结果的可视化图片或视频文件可存放在网络服务器的共享数据库中，供指挥信息系统调用，为重要建筑环境反核生化恐怖、核生化应急救援行动、人员疏散路径选择、传感器监测点的布设等提供科学定量依据。

1.3.2 室内空气环境数值模拟方法

目前，工程应用中针对民用建筑通风和气流组织问题研究，通常采用的数值模拟方法有Zonal模型、Multizone模型和CFD（Computational Fluid Dynamics，计算流体力学）方法。Multizone模型将建筑物内各房间假设为均匀混合的网格，即速度、温度、浓度等参数处处相等，各房间通过门窗、回风口等开口与外界或相邻房间连接，用于模拟由风压、温差和机械送风系统引起的整个建筑物系统的气体流向。其优点是模型方法简单，易与建筑热能模拟软件相耦合；缺点是不能获得房间内部温度、速度、浓度等参数的详细分布信息。CFD方法通过数值求解流体运动和物质扩散的守恒方程组，获得在空间网格节点上气流运动速度、温度及物质扩散浓度的时空详细分布信息。而Zonal模型介于Multizone模型和CFD方法之间，该方法将房间划分为多个均匀网格，每个网格内流动参数均匀分布，其网格数相对于CFD方法少得多，能提供室内热能参数的全局信息，且求解方法简单，计算较快。先期的Zonal模型需要提前清楚室内的气流模式，而POMA模型中采用压力化方法，可用于预测室内气流模式和热量分布，但其物质扩散浓度模拟精度尚未得到验证。

1.3.2.1 多区模型(Multizone Network Model)

多区模型，又称为多区网络模型，是一种简化模型，宏观上将整栋建筑物作为一个系统，其中的每个房间作为一个控制体（网络节点），其内部参数假设均匀，即具有相同的压力、温度和污染物浓度，各个网络节点之间通过各种空气流通路径相连，利用质量、能量守恒等方程对整个建筑的空气流动、压力分布和污染物的传播情况进行模拟。多区模型计算量小，适用计算建

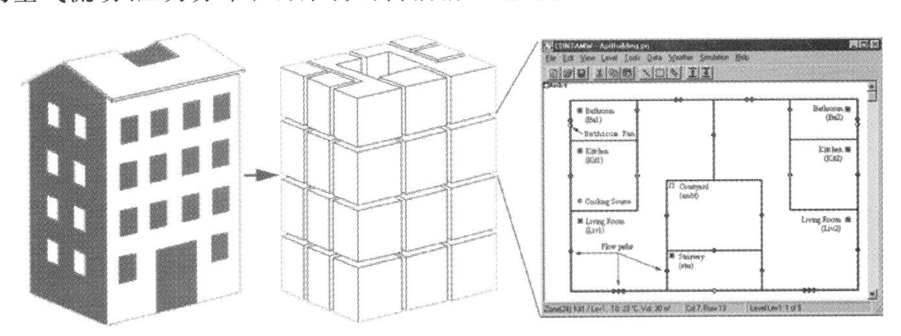

图1-3 CONTAMW建模示意图

筑物内由于风、温差、空调系统造成的总体流动预测，在国际上已有较多的研究，国际能源组织的 Annex23 项目就是专门对该方法进行的专题研究，不同国家的研究者开发了多种此类软件，其中以美国国家标准和技术研究院(NIST)建筑和火灾研究实验室开发的用于多区域空气流动模拟研究软件 CONTAMW(图 1-3)和美国劳伦斯·伯克利国家实验室(LBNL)开发的 COMIS 颇具代表性。多区模型在国外应用广泛，其优点是计算速度快，能快速获得毒物在建筑内的传输特征，对于事件后应急控制策略的选择具有很好的实效性。

1.3.2.2 区域模型(Zonal Model)

区域模型于 1970 年由研究人员正式提出，起源于对供暖房间温度分层的研究。此后，针对各种特殊室内结构和气流形式进行了模型的应用研究。早期多区模型忽略动量的影响，对房间气流形式进行预先假设，因此，不能建立普遍适应的数学模型，影响了方法的推广使用。近年来，研究人员将压力因素考虑到区域模型中，通过适当的数学处理，模型得以定解，这样建立的模型具有普适性，应用领域扩展到机械通风和自然通风情况下室内环境的模拟，其研究焦点是分区方法和流量计算。

区域模型的基本思想是：将房间划分为一些有限的宏观区域，认为区域内的相关参数如温度、浓度相等，而区域间存在热质交换，通过建立质量和能量守恒方程并充分考虑了区域间压差和流动的关系来研究室内的温度分布及流动情况。然而，由于该方法的自身特性所限，在应用于预测室内气流分布时存在一些局限性。如不宜用于温度梯度很大的情况；没有涉及稳定和速度边界层的问题，静压近似只在平行流型的情况下才合理；辐射传热没有考虑在内；对于射流或喷流中一个区域或多个区域的情况，需要分别考虑。

1.3.2.3 计算流体力学方法(Computational Fluid Dynamics, CFD)

计算流体力学方法的基本原理是基于质量、动量和能量守恒定律，将其方程组综合起来称为流体运动的控制方程组。在室内空气流动和热量传递模拟中，大多应用高雷诺数(完全发展的湍流)流动的 k-ε 湍流模型。标准 k-ε 湍流模型是针对完全发展的湍流流动建立的模型，然而，室内空气流动通常不是完全发展的湍流。Baker 等认为，许多室内空气流动都是局部湍流，在远离 HVAC(加热、通风和空调系统)送风口和障碍物的流动区域呈弱湍流状态，他们指出，标准 k-ε 模型对弱湍流区域热量和动量传递的预测值偏高。虽然排气口的气流呈湍流状态，实验测量显示，通风房间的主要区域流动处于层流和湍流的转捩状态。在大多数加热或制冷的物体表面，如散热器和窗户，流动呈混合机制。

要克服这些问题，主要有两种方法：一是采用壁面函数法处理近壁面流动，壁面函数法假设边界层的速度和温度廓线形状，而近壁网格点位于完全湍流区，k 和 ε 的变化同速度函数一致，常采用对数律壁面函数。标准 k-ε 模型结合对数律壁面函数方法广泛应用于室内空气流动和热量传递的预测；二是选用恰当的湍流模型，包括低雷诺数湍流模型、两层模型、多尺度模型、RNG k-ε 模型及零方程模型等。

赵彬等针对风口模型、湍流模型、热源和辐射模型及复杂几何物理条件的描述等暖通空调气流组织数值模拟的特殊问题，分别提出了相应的对策或解决思路，如采用 N 点风口模型，采用 MIT 零方程湍流模型、误差预处理法，以及辐射换热、热源传热和 CFD 耦合计算等方法。在湍流的模拟方面，陈清焰比较了不同 k-ε 湍流模拟对室内空气流动的模拟效果，建立了零方程模型，还构造了双层湍流模型，发展了节能分析和 CFD 模拟耦合模型，用于建筑节能设计领域。

1.3.3 室内空气环境数值模拟的发展趋势

室内CFD模拟的本质是要数值求解室内气流运动和物质扩散的控制方程组。数值计算结果的可靠性和准确性受到多方面因素的影响，如边界条件的合理简化、湍流模型的适应性、网格质量、离散格式的精确度及数值算法等。改进方程的求解算法、改进对流项的数值格式、提高计算精度、误差估算、非结构网格、出入口和壁面边界层流动的更精确处理、引入太阳辐射热量影响及CFD方法与Multizone模型的结合问题等方面均是CFD研究领域的热点问题。

近年来，人们开始将更高级和复杂的数值模拟技术用于室内环境的模拟，但以目前的计算机运算速度及实际应用的需求，高级数值模拟技术，尤其是大涡模拟技术和直接数值模拟技术还难以推广运用。同时，另一个思路是改进方程和求解算法，以期提高运算速度，如Fast Fluid Dynamics(FFD)方法，简化了对湍流运动的处理，虽然计算准确度有所降低，但其计算的速度比CFD方法提高了50倍，达到了近实时的计算需求。

此外，商业软件也在改进完善。特别是在帮助那些非CFD专业人员建立模型、运行模拟过程和显示结果等方面，提供简单易操作的用户界面，减少了模拟过程先期所花费的时间和精力，使用户将精力集中在后期分析和设计上，能达到更好的使用效果。

第2章　多区模型和区域模型

送风口空气的射流是形成室内不同气流组织的主要因素。由于送风末端不同、射流空气与室内空气温度不同,可形成不同类型的送风口空气射流。一般来说,当射流的雷诺数 Re 大于 30 时,射流就成为湍流流动。空调房间中的送风口射流的雷诺数通常远大于 30,因此均可视为湍流射流。本章首先介绍不同类型射流的流动规律,分别介绍多区模型、区域模型及二者的耦合模型方法。

2.1　室内送风射流基本理论

2.1.1　射流的分类

根据送风类型及送风条件,如初始温度、房间几何尺寸、送风角度等,可将送风射流分为不同类型:如果送风温度和室内空气温度相同,称为等温射流,否则称为非等温射流;如果送风射流进入一个相对足够大的空间而不受墙壁或天花板限制,称为自由射流,反之称为受限射流。对于受限射流,如果贴附于墙壁或者天花板则称为贴壁射流,如果由于射流前方的墙壁阻挡使得射流受回流影响,则叫受限射流(狭义)。射流特性受送风口类型的影响最大,而通常利用射流公式计算室内气流组织时,主要根据送风口种类选用不同的射流公式。根据送风口的种类可将射流分为以下几类。

(1)密集射流。从百叶、格栅、圆形喷嘴、圆形送风口、方形送风口及长宽比较小的送风口送出来的射流属于此类,其特点是射流为三维或者轴对称的,或者发展到一定阶段是轴对称的。

(2)线性(平面)射流。从条缝缝口或者具有大长宽比矩形风口送出的射流属于此类,具有二维特性,射流速度在平面内对称,故有时也称作平面射流。

(3)径向射流。盘形散流器的送风射流属于此类,其通常安装于天花板上,送风在水平面内呈 360°扩散。

(4)不完全径向射流。从带有张角的百叶送风口或者扇形送风口送出的射流属于此类,其扩散角度小于 360°,故称为不完全径向射流,一定距离后会变为密集射流。

(5)锥形射流。从锥形送风口或方形、圆形射流器送出的送风射流属于此类,其射流是轴对称的。

(6)旋转射流。从能产生涡旋的旋流风口送出的空气射流属于此类,其特点是衰减快、扩散混合充分。

2.1.2　自由射流

2.1.2.1　等温自由射流

等温自由射流理论是室内空气流动研究的基础。自 20 世纪 40 年代以来，众多学者对其进行了大量的理论和实验研究，得到了比较一致的结果。通常，对于空调通风系统中的湍流自由射流，沿射流轴线方向可分为四个区域：

起始段：长度约为 2～6D_e，其射流轴心速度和温差保持不变；

过渡段：约 8～10D_e，射流特性无统一规律；

主体段：约 25～100D_e，湍流充分发展，轴心速度衰减、断面流速分布等规律一致；

末端段：很小，通常忽略不计。

上述各段长度因送风口类型而异。其中，D_e(m)为与送风口外形面积相等的圆形开口的直径，称为送风口的等效直径。

$$D_e = \sqrt{\frac{4A_e}{\pi}} \tag{2.1}$$

式中：A_e——送风口外形面积，m^2。

平面自由射流的三个典型区域如图 2-1 所示。通常，由于起始段和过渡段相对较短，与室内空气流动密切相关的是射流的主体段，工程中关心的时均特性主要由如下三个指标来描述：轴心速度衰减、射流扩展角及断面速度分布。

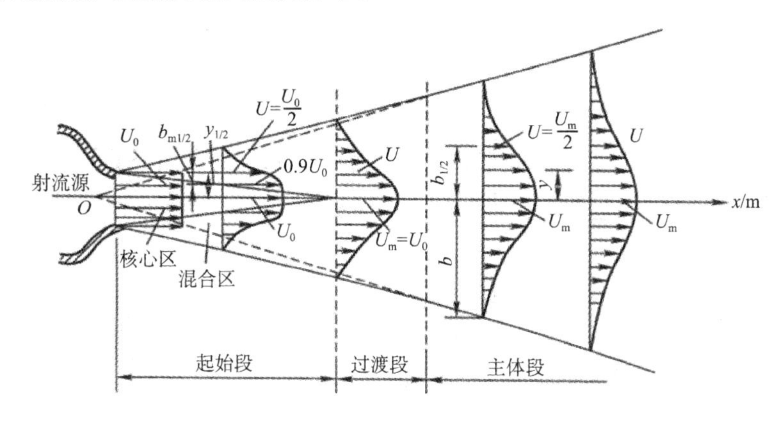

图 2-1　等温自然射流示意图

(1)射流轴心速度衰减

射流轴心速度是影响射流在室内的射程及工作区速度的最主要因素。送风射流不断卷吸周围空气，断面沿程扩大，轴心速度沿程衰减。主体段速度衰减可按下式表示。

$$\frac{U_m}{U_0\sqrt{C_d R_{fa}}} = K\frac{\sqrt{A_c}}{X} \tag{2.2}$$

$$\frac{U_m}{U_0} = K\frac{\sqrt{A_c C_d R_{fa}}}{X} = K\frac{\sqrt{A_0}}{X} \tag{2.3}$$

式中：U_m——射流轴心速度，m/s；

U_0——射流出口速度，m/s；

C_d——喷射系数，通常为0.65～0.9；

R_{fa}——风口有效面积系数；

A_c——风口外形面积，m^2；

X——距离出风口处的距离，m；

A_0——等效喷射面积，m^2，$A_0=A_cC_dR_{fa}$；

K——速度衰减比例系数，由实验确定。

众多研究者对K的取值进行了大量的实验研究。K值的大小反映了射流轴心速度衰减的快慢，表示射流轴向的影响距离。平面射流的K值最大，其轴心衰减速度衰减最慢，其次是喷嘴和较大长宽比的矩形风口，再次是百叶送风口和孔板送风口。而百叶送风口由于有叶片导流使得出流角度发生变化，轴心速度衰减规律也有所变化，随着出流张角的增大，K值减小，即轴心速度衰减加快。对于孔板送风口，随着出流自由面积的减小，K值减小。

(2)射流扩展角

实验研究表明，湍流自由射流的主体段是线性扩展的。射流扩展角主要受送风口出流条件影响。对于圆形和矩形送风口，当出流方向沿着送风口法向时(垂直出流)，其主体段的射流扩展角变化不大，基本在20°～24°，平均值为22°。对于有效面积系数较小的风口且其射流由多股小射流叠加而成的情形，主体段射流扩展角略小，约为18°。而对于带有导向叶片使得出流方向不沿风口法向的射流，如活动叶片对开的百叶风口，其扩展角较大，且主要受射流出口方向张角的影响。

(3)断面速度分布

湍流自由射流主体段处，湍流已经充分发展，各断面流速分布相似，呈误差函数或高斯函数状分布，具有自相似性或自保性，也可用无量纲速度和无量纲断面距离将各断面速度分布用一条统一的曲线表示。对于射流主体段为轴对称的断面流速分布，根据实验数据总结的公式为：

$$\frac{r}{r_{0.5}}=3.3\log\frac{U_m}{U} \tag{2.4}$$

式中：r——断面上某考察点距离轴心的径向距离，m；

$r_{0.5}$——断面上流速为轴心速度0.5倍之点距离轴心的径向距离，m；

U——断面上某考察点的速度，m/s。

根据式(2.4)，结合射流轴心速度衰减公式和射流扩展角，可以确定等温自由射流主体段任一点的速度值。

2.1.2.2　非等温自由射流

(1)轴心速度衰减

对于非等温自由射流，其轴心速度衰减可在等温自由射流的基础上进行修正得到，用下式计算。

$$\frac{U_m}{U_0}=K\sqrt{\frac{H_0}{X}}K_n \tag{2.5}$$

$$K_n=\left[1\pm\frac{1.8K_2}{K^2}Ar_0\left(\frac{x}{H_0}\right)^{1.5}\right]^{1/3} \tag{2.6}$$

$$\frac{U_m}{U_0} = K\frac{\sqrt{A_0}}{X}K_n \tag{2.7}$$

$$K_n = \left[1 \pm \frac{2.5K_2}{K^2}Ar_0\left(\frac{x}{\sqrt{A_0}}\right)^2\right]^{1/3} \tag{2.8}$$

$$\frac{U_m}{U_0} = \sqrt{5.4\frac{H_0}{X} + 2.15Ar_0\left(\frac{x}{H_0} - 5.4\right)} \tag{2.9}$$

$$Ar_0 = \frac{g\Delta t_0 H_0}{TU_0^2} \tag{2.10}$$

式中：H_0——送风口等效宽度，m；

K_n——非等温修正系数；

K_2——温差衰减比例系数；

Ar_0——阿基米德数；

Δt_0——送风温度和回风温度之差，K；

g——重力加速度，m/s^2；

T——房间平均热力学温度，K。

以上各式中，式(2.5)和式(2.6)适用于竖直方向的平面非等温自由射流；式(2.7)和式(2.8)适用于竖直方向的密集、径向、不完全径向及锥形非等温自由射流，其中，当密度差产生的浮升力与初始动力方向相同时取“+”，反之为“-”；式(2.9)适用于底部安装的百叶送风口非等温自由射流，此时的 x 表示从底部到天花板的垂直距离及沿着相应墙壁和天花板相交的角落横跨天花板的距离。

(2)轴心温差衰减

对于非等温射流，轴心温度的分布规律与轴心速度一样，是决定室内空气分布的重要因素。根据动量传递和能量传递的类比关系，非等温自由射流轴心温差衰减和轴心速度衰减规律相似，可用类似的公式描述，如下式所示。

平面射流，水平方向：

$$\frac{T_m - T_r}{T_0 - T_r} = K_2\sqrt{\frac{H_0}{x}} \tag{2.11}$$

平面射流，竖直方向：

$$\frac{T_m - T_r}{T_0 - T_r} = K_2\sqrt{\frac{H_0}{x}}\frac{1}{K_n} \tag{2.12}$$

密集、不完全径向射流及锥形射流，水平方向：

$$\frac{T_m - T_r}{T_0 - T_r} = K_2\frac{\sqrt{A_0}}{x} \tag{2.13}$$

密集、不完全径向射流及锥形射流，竖直方向：

$$\frac{T_m - T_r}{T_0 - T_r} = K_2\frac{\sqrt{A_0}}{x}\frac{1}{K_n} \tag{2.14}$$

式中：T_m——轴心温度，K；

T_r——回风温度，K；

T_0——送风温度，K。

(3)射流轨迹

水平方向的非等温射流由于受到浮升力作用会发生射流弯曲的现象,从而影响室内空气分布情况。对于非水平方向的密集型非等温自由射流而言,可用式(2.15)计算其射流轴心轨迹。

$$\frac{z}{\sqrt{A_0}} = \frac{x}{\sqrt{A_0}}\tan\alpha_0 \pm \Psi \frac{K_2}{K^2} Ar_0 \left(\frac{x}{\sqrt{A_0}}\right)^3 \tag{2.15}$$

式中:z——射流轴心距离天花板的距离,m;

α_0——射流出流方向与水平方向夹角;

Ψ——与送风口类型尺寸有关的系数。

有学者实验研究发现,对于$|\alpha_0| \leqslant 45°$的情形,$\Psi=0.47\pm0.06$。

此外,旋转射流是通过具有旋转作用的喷嘴向外射出的,空气本身一面旋转,一面扩散前进,具有轴向和径向分速度。旋转射流与上述各种射流相比扩散角大得多,射程也短得多,射流内部形成一个回流区,射流特性较为复杂,这里不再赘述。

2.1.3 受限射流

这里的受限射流是指由于受回流影响的受限射流,属于狭义范畴。受限射流比较复杂,目前尚无完整的理论解释,通常采用实验的手段拟合半经验公式进行研究。对于受限射流,可以用下式计算室内工作区平均速度。

$$\frac{U_{hp}}{U_0}\frac{\sqrt{F_n}}{D_0} = 0.69 \tag{2.16}$$

式中:U_{hp}——工作区回流平均速度,m/s;

F_n——垂直于单股射流的房间横截面积,m^2;

D_0——送风口直径或当量直径,m;

其中,F_n 和 D_0 满足下式:

$$\frac{\sqrt{F_n}}{D_0} \approx 53.17\sqrt{\frac{HBU_0}{L}} \tag{2.17}$$

式中:H,B——分别为房间的高度和宽度,m;

L——送风量,m^3/h。

也有文献提出了一种更具一般性的计算方法:

$$U_{mc} = U_m K_c \tag{2.18}$$

$$\Delta t_{mc} = \Delta t_m \frac{1}{K_c} \tag{2.19}$$

式中:U_{mc}——受限射流轴心速度,m/s;

Δt_m,Δt_{mc}——分别为自由和受限射流的轴心温差,K;

K_c——受限射流修正系数,实验测量。

2.1.4 贴壁射流

实际中最为常见的贴壁射流是贴附天花板的射流,由于 Coanda 效应,射流受压差而贴附于天花板,此时射流轴心衰减比自由射流慢,对于非等温贴壁射流,射流贴附长度,即冷却系统中射流贴附天花板流动至与天花板分离的长度，通常记为分离点到达风口的距离。根据理论分析和实验研究，不同送风口类型非等温贴壁冷射流的贴附长度随着阿基米德数增加而减小，可由下式计算。

密集射流和不完全径向射流：

$$X_s = \frac{0.55K\sqrt{A_0}}{\sqrt{K_2 Ar_0}} \tag{2.20}$$

平面射流：

$$X_s = \frac{0.4K^{4/3}H_0}{(K_2 Ar_0)^{2/3}} \tag{2.21}$$

径向射流：

$$X_s = \frac{0.45K\sqrt{A_0}}{\sqrt{K_2 Ar_0}} \tag{2.22}$$

式中：X_s——贴附长度，m。

2.2 多区模型

针对多层复杂建筑，多区模型(multizone model)从宏观角度把整个建筑物作为一个系统，各房间作为控制体(或称区域)，用实验得出的经验公式反映控制体之间支路的阻力特征，利用质量守恒、能量守恒等方程对整个建筑物的空气流动、毒物分布进行研究。

2.2.1 模型假设

(1)各区域内空气混合均匀。将各区域内分别视为一个计算节点，区域内温度、压力和污染物浓度一致。不考虑区域内的局部影响，例如，某房间有污染源在某一时刻释放出一定量的污染物，近似认为瞬间污染物即与周围空气均匀混合。

(2)微量污染物。模拟过程中假设污染物浓度较低，不足以影响区域内空气密度。需要说明的是，通过实际计算得到的污染物浓度可能已经达到了足以影响空气密度的程度，但此时仍视其为微量污染物。

(3)忽略传热影响。模拟过程不涉及各区域内的传热分析，因为模型假定各区域内温度在整个模拟过程中维持用户给定值。

(4)定义空气流通路径。模型内为实际建筑物内可能存在的多种空气流通路径(如门缝窗缝、门窗洞口、建筑结构缝隙、各类竖井等)提供了不同的非线性数学模型，来描述其流量和压降的关系，如表2-1所示。

(5)准稳态流动。模拟过程利用各种流通路径的数学模型，在每个区域内根据质量平衡原理建立非线性代数方程，从而在多区域内构造非线性方程组，并最终求得各区域内压力和区域流量。该过程既可进行稳态模拟又可进行瞬态模拟。严格地说，其瞬态模拟也是一种准稳态流动，因为在模拟过程认为区域内的空气流通并不随时间发生变化，为定值。

(6)污染物发生源/吸收源模型。模型提供了几种实用的污染物发生源/吸收源模型，来模拟实际建筑中各类污染物的产生和排除过程。

表 2-1　流动路径模型

名称	描述	表达式	备注
Power law 流动模型	裂缝或开口流量	$Q=C(\Delta P)^n$	
	孔流量	$Q=C_d A\sqrt{\frac{2\Delta P}{\rho}}$	C_d 流量系数 A 孔口面积
Quadratic 流动模型	过滤开口	$Q,\Delta P>0:\Delta P=AQ+BQ^2$ $Q,\Delta P<0:\Delta P=AQ-BQ^2$	
Ducts 模型	风管开口	$F=\sqrt{\frac{2\rho A^2\Delta P}{fL/D+\sum C_d}}$	f 摩擦系数，L 风管长度，D 水力直径
风扇模型	风扇	$P=a_0+a_1F+a_2F^2+a_3F^3$	
门口模型	门、大开口	$F_y=C_d\sqrt{2\rho\Delta P}W\Delta y$	W 宽度

2.2.2　气流模型

区域之间空气流量 $F_{j,i}$ 是压差作用的结果，可表示为压力差的某种函数关系。

$$F_{j,i}=f(P_i-P_j) \tag{2.23}$$

式中：P_i，P_j——分别为区域 i 和 j 的压力，Pa；

$F_{j,i}$——从区域 i 到 j 的空气质量流量，kg/s。

i 区域的空气质量 m_i 由理想气体状态方程计算得到：

$$m_i=\rho_i V_i=\frac{P_i V_i}{RT_i} \tag{2.24}$$

对于瞬态模拟，按质量守恒：

$$\frac{\partial m_i}{\partial t}=\rho_i\frac{\partial V_i}{\partial t}+V_i\frac{\partial\rho}{\partial t}=\sum_j F_{j,i}+F_i \tag{2.25}$$

$$\frac{\partial m_i}{\partial t}\approx\frac{1}{\Delta t}\left[\left(\frac{P_i V_i}{RT_i}\right)-(m_i)_{t-\Delta t}\right] \tag{2.26}$$

对于稳态模拟，有：

$$\sum_j F_{j,i}+F_i=0 \tag{2.27}$$

式中：F_i——区域 i 内通风空调系统产生的空气质量流量，kg/s。

将 $F_{j,i}$ 表达式代入上式，可得到建筑内所有 n 个空间的质量平衡方程写成压力的表达式，得到一个 n 维关于压力的非线性方程组，求解可得到各区域的压力 P_i 及 $F_{j,i}$。

同时求解一个建筑物内多个空间或区域的压力和流量并不容易，因为它涉及了非线性问题，而且还要考虑热压、风压及通风空调系统等因素对流动的影响。多区模型的 5 种常用算法包括：顺序节点法、顺序环方程法、同步节点法、同步环方程法和同步线性理论法，详细介绍可参见相关文献。

2.2.3　毒物传输模型

毒物随区域内空气的流动在建筑物内传输：

$$m_i^\alpha = m_i C_i^\alpha \tag{2.28}$$

式中：m_i——区域 i 中气体总质量，kg；

C_i^α——区域 i 中毒物 α 的质量分数，%；

m_i^α——区域 i 中毒物 α 的质量，kg。

从某一区域 i 中排出毒物的量主要包括：

(1)所有从区域 i 流出的空气流量中带走的毒物 α：

$$\sum_j F_{i\to j} C_i^\alpha \tag{2.29}$$

(2)区域 i 内排风带走的毒物 α：

$$R_i^\alpha C_i^\alpha \tag{2.30}$$

式中：R_i^α——区域 i 内的排风量，kg/s。

(3)与区域 i 内其他物质发生化学反应而导致毒物 α 的减少量：

$$m_i \sum_\beta \kappa^{\alpha,\beta} C_i^\beta \tag{2.31}$$

式中：$\kappa^{\alpha,\beta}$——区域 i 内毒物 α 与毒物 β 之间的动力反应系数（动力反应系数为正时，毒物 α 增加；动力反应系数为负时，毒物 α 减少），1/s。

进入某一区域 i 中毒物的量包括：

(1)所有流出区域 i 的空气流量中带入的毒物 α：

$$\sum_j F_{j\to i}(1-\eta_j^\alpha) C_j^\alpha \tag{2.32}$$

(2)区域 i 内毒物 α 的发生量：

$$G_i^\alpha \tag{2.33}$$

某一时刻，针对区域 i 内毒物 α 建立质量守恒方程如下：

$$\frac{\mathrm{d}m_i^\alpha}{\mathrm{d}t} = \sum_j F_{j\to i}(1-\eta_j^\alpha) C_j^\alpha + G_i^\alpha + m_i \sum_\beta \kappa^{\alpha,\beta} C_i^\beta - \sum_j F_{i\to j} C_i^\alpha - R_i^\alpha C_i^\alpha \tag{2.34}$$

将上式微分方程转化为差分形式如下：

$$\rho_i V_i C_i^\alpha \big|_{t+\Delta t} \approx \rho_i V_i C_i^\alpha \big|_t + \Delta t \cdot \Big[\sum_j F_{j\to i}(1-\eta_j^\alpha) C_j^\alpha + G_i^\alpha + m_i \sum_\beta \kappa^{\alpha,\beta} C_i^\beta - \sum_j F_{i\to j} C_i^\alpha - R_i^\alpha C_i^\alpha \Big]_{t+\delta t} \tag{2.35}$$

按 $\delta t=0$ 或 $\delta t=\Delta t$ 可以构建不同的浓度求解算法，通过求解毒物 α 浓度的线性方程组，可以得到多区域毒物的浓度分布。

毒物源的定义可采用以下模型。

(1)常数系数模型

$$S_\alpha(t) = G_\alpha - R_\alpha C_\alpha(t) \tag{2.36}$$

式中：S_α——毒物源强度，kg/s；

G_α——生成毒物 α 速率，kg/s；

R_α——换气速率，kg/s；

C_α——空气中毒物 α 浓度，kg/kg。

(2)压力驱动模型

该模型是用来模拟区域内外的压力差控制毒物的强度：

$$S_\alpha = G_\alpha \cdot (P_{ambt} - P_i)^n \tag{2.37}$$

(3)中止浓度模型

该模型用于产生挥发性有机化合物的毒物源：

$$S_\alpha = G_\alpha \left(1 - \frac{C_\alpha(t)}{C_{cutoff}}\right) \tag{2.38}$$

式中：$C_{cut\,off}$——挥发中止时的毒物 α 浓度，kg/kg。

(4)衰变源模型

用于模拟产生挥发性有机物的另一种模型：

$$S_\alpha = G_\alpha e^{-t/t_c} \tag{2.39}$$

式中：t——开始挥发的时间，s；

t_c——半衰期，s。

(5)爆炸源模型

用来模拟某种毒物瞬时进入到某区域的情况，只需定义总量即可。

2.3 区域模型

2.3.1 基本概念

区域模型的基本思想是将房间划分为有限的不同区域，每个区域内的空气物理参数如温度、湿度、污染物浓度等保持均匀一致。其模型示意图如图 2-2 所示。每个区域满足空气质量流量、组分质量和能量的平衡，通过建立相应的平衡方程求解每个区域的空气参数。区域之间的流量计算一般通过辅助手段进行，如根据区域间的压差和流动关系进行计算。基本方程如下：

$$m_i \frac{\mathrm{d}C_i}{\mathrm{d}t} = \sum_{nb-i} \dot{m}_{nb-i} C_{nb-i} - \sum_{nb-i} \dot{m}_{i-nb} C_i + S \tag{2.40}$$

$$\frac{\mathrm{d}C(t)}{\mathrm{d}t} = A(t)C(t) + DC_0 + Eu \tag{2.41}$$

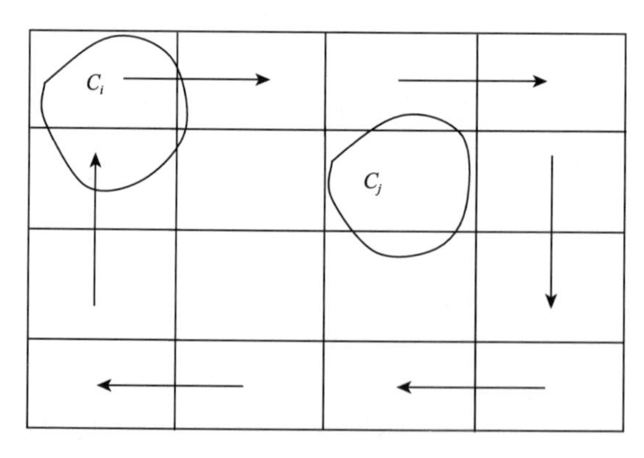

图 2-2　区域模型示意图

区域模型基于以下假设而提出：

①各区域内空气温度、密度等参数均匀一致；

②各区域直接相连的边界可以有流体穿过；

③各区域设有独立的定压点；

④各区域内流体沿高度方向的压力分布符合流体静力学规律。

相比于计算流体力学方法，区域模型具有如下特点：

①房间节点数大大减少，且方程线性程度较好，从而计算量显著减少；

②计算结果不及 CFD 详尽，但大大优于集总参数方法；

③特别适合于动态分析，如较长时间段内室内环境参数的变化规律。

2.3.2 基本方法

采取区域模型模拟室内环境时，通常按照下述步骤进行：

①分区，即将房间划分为不同的区域；

②区域间的流量计算，即计算区域之间空气流量的交换量；

③建立各个区域的空气参数平衡方程；

④联立求解平衡方程组得到结果。

2.3.2.1 分区

合理的分区是区域模型的基础，其目标是使得区域内的空气参数尽量均匀一致，原则是在反应室内空气参数分布主要特征的前提下尽可能减少区域的数目。传统的区域模型中往往采用两种主要的分区方法：一种是粗网格划分，即采用比 CFD 粗得多的网格方式对空间进行区分；另外一种是依据流动特征根据经验进行分区，这就必须基于对流场有初步认识，如高大空间温度分层的垂直分区和机械通风的射流分区等。

粗网格划分方式没有实际的物理意义。与之相比，按流动特征的划分则具有潜在的分区依据。

2.3.2.2 区域间的流量计算

区域模型的难点和关键是区域间的流量计算。区域之间的流量受气流形式、主导传热方式等因素影响，计算比较复杂。

常用的计算方法可分为三种：一是 CFD 计算，结果可信度高但耗时较长；二是实测，主要困难在于边界的不确定性；另外一种可行的方法是理论计算。

进行区域间流量计算时，首先需要明确常见的区域类型及其边界特征，这里将其分为三类：

①常规区域和普通边界。不受射流影响，区域之间的流动主要考虑压(密度)差驱动，流量和压差呈一定的非线性关系。

②特殊区域和特殊边界。受射流如送风射流和热羽流的影响，或者受边界层影响，流量由相应的流动控制规律描述。

③混合边界。是指区域的边界部分为普通边界、部分为特殊边界的情形。

(1)常规区域和普通边界

水平边界面的情形较为单一，区域间的流量可按下式进行计算：

$$m = \rho k A \Delta P^{m} \tag{2.42}$$

其中，压差 ΔP 由下式计算得到：

$$\Delta P = P_{up,ref} - (P_{down,ref} - \rho_{down} g h_{down}) \tag{2.43}$$

垂直边界面的流量计算相对复杂一些，示意图如图 2-3 所示，计算前需要先确定中和点的

高度 Z_n：

$$Z_n = \frac{\Delta P_{ref}}{\Delta \rho g} \tag{2.44}$$

式中：ΔP_{ref}——参考点的压力差；

$\Delta\rho$——邻域间的密度差。

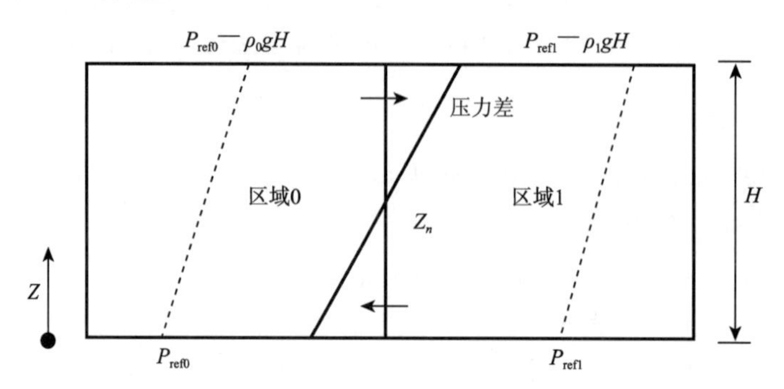

图 2-3　垂直边界面示意图

任意高度 Z 的压差 ΔP：

$$\Delta P = P_1 - P_0 = \Delta\rho g(Z_n - Z) \tag{2.45}$$

从而可以根据下式得到邻域之间的质量流量 m：

$$m_{0\sim Z_n} = \int_0^{Z_n} \rho k A \mid \Delta P \mid^n \mathrm{d}z = \int_0^{Z_n} \rho k A \mid \Delta\rho g(Z_n - Z) \mid^n \mathrm{d}z = \rho k A \mid \Delta\rho g \mid^n \frac{\mid Z_n \mid}{n-1}$$

$$m_{Z_n\sim H} = \int_{Z_n}^{H} \rho k A \mid \Delta P \mid^n \mathrm{d}z = \int_{Z_n}^{H} \rho k A \mid \Delta\rho g(Z_n - Z) \mid^n \mathrm{d}z = \rho k A \mid \Delta\rho g \mid^n \frac{\mid H - Z_n \mid}{n+1} \tag{2.46}$$

根据邻域密度差的正负情况，垂直边界可能出现多种情况。如图 2-4 所示。

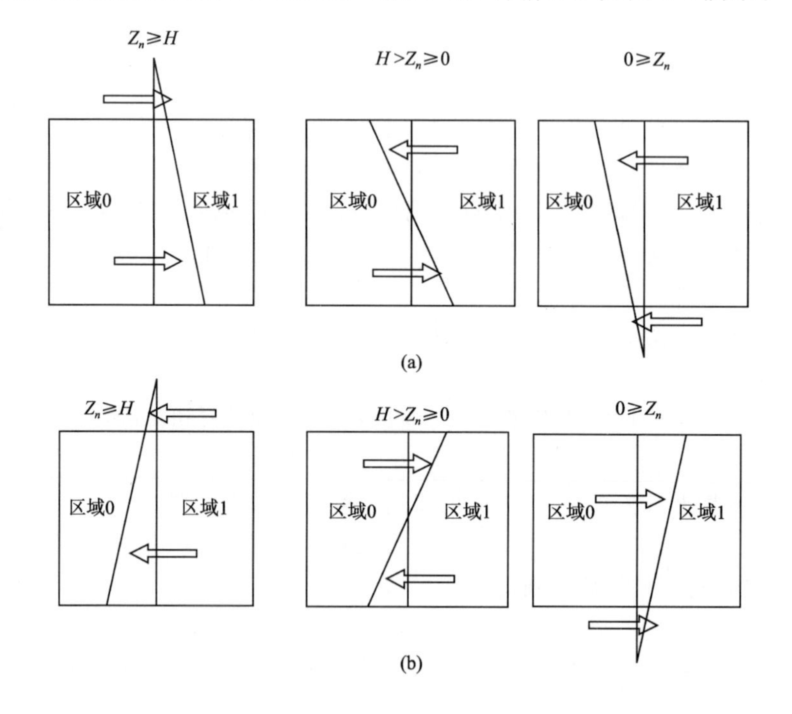

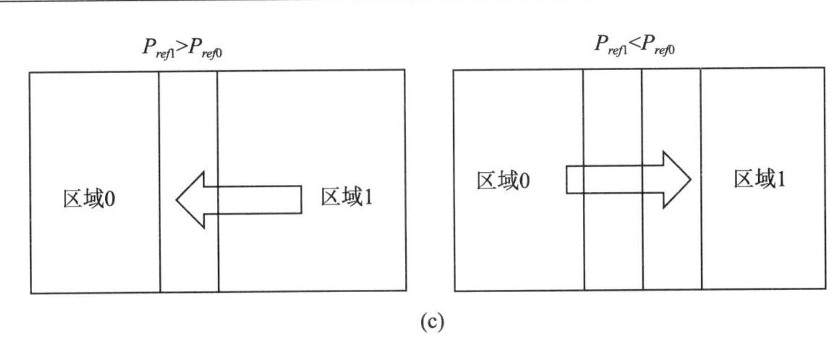

(c)

图 2-4　垂直边界面的几种情况

(a)$\Delta\rho=\rho_1-\rho_0<0$；(b)$\Delta\rho=\rho_1-\rho_0>0$；(c)$\Delta\rho=\rho_1-\rho_0=0$

(2)特殊区域和特殊边界

针对边界层、热羽流和射流对应的区域间的质量流量给出以下计算公式。

适用于边界层：

$$m(z)=K_3\Delta T^{1/3}z \tag{2.47}$$

适用于热羽流：

$$m(z)=K_2Q(z)^{1/3}(z-z_0)^{\beta} \tag{2.48}$$

适用于射流：

$$\frac{m(x)}{m_0}=K_1\left(\frac{x}{b_0}\right)^{a} \tag{2.49}$$

当然，以上计算方法并非唯一，实际应用中可有不同形式。

(3)混合边界面

如图 2-5 所示，混合边界面(图 2-5)的质量流量就是普通边界和特殊边界的流量之和。

$$\dot{m}=\dot{m}_{a-H}+\dot{m}_{0-a} \tag{2.50}$$

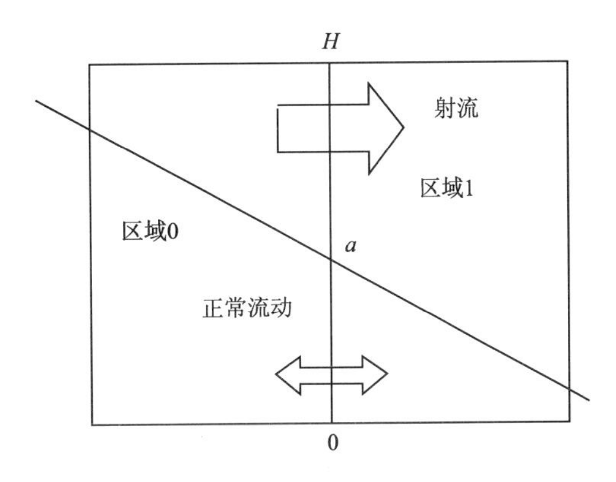

图 2-5　混合边界面示意图

2.3.2.3　建立各个区域的空气参数平衡方程

$$\dot{m}_i\frac{\mathrm{d}\Phi_i}{\mathrm{d}t}=\sum_{nb-i}\dot{m}_{nb-i}\mathrm{d}\Phi_{nb-i}-\sum_{nb-i}\dot{m}_{i-nb}\mathrm{d}\Phi_i+S_{\Phi} \tag{2.51}$$

上式适合于求解空气温度、湿度、组分浓度和颗粒物浓度等参数，不同情况下各项的具体形式不同。

2.3.2.4　联立求解平衡方程组

在完成步骤 2(区域间的流量计算)和步骤 3(建立各个区域的空气参数平衡方程)之后，联立求解平衡方程组：

$$\frac{\mathrm{d}\Phi(t)}{\mathrm{d}t} = A(t)\Phi(t) + D\Phi_0 + Eu \tag{2.52}$$

式中：

$$\Phi(t) = (\Phi_1, \Phi_2, K, \Phi_N)^T$$

$$\mathbf{A} = \begin{bmatrix} a_{11} & a_{11} & L & a_{1N} \\ a_{21} & a_{22} & L & a_{2N} \\ K & L & L & L \\ a_{N1} & a_{N2} & L & a_{NN} \end{bmatrix}$$

2.3.3　应用示例

2.3.3.1　机械通风房间流场模拟

考虑三维多个房间的情形，各壁面的传热量已知，送风量和送风温度也已知。采用粗网格结合热羽流特征进行区域划分：房间 1～3 均为 2×3×3 个区域，房间 4(中庭)为 2×3×9 个区域。对于常规区域和普通边界，采用密度(压)计算流量；对于热羽流区域，按照相应公式计算流量。建立空气温度平衡方程进行求解。模型和计算结果如图 2-6 所示。

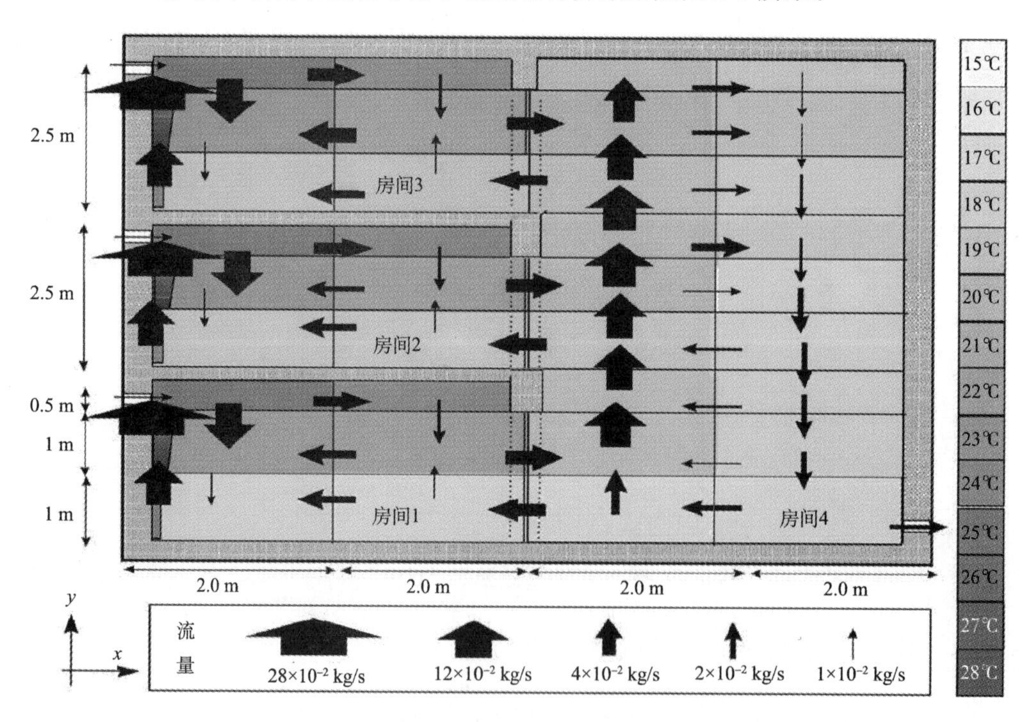

图 2-6　三维多个房间机械通风的区域模型结果

2.3.3.2　利用区域模型进行传感器布设研究

室内布设生化传感器对于及时发现生化危害物质具有重要意义。而在传感器数量有限的情况下，将传感器置于什么位置是传感器系统设计的一个关键性问题。不同研究者对于建筑物内传感器的布设研究有采取多区模型进行设计的，也有采取区域模型进行设计的。这里对后者进行简要介绍。

以典型的办公室和大厅为例，其尺寸分别为 5.5 m×5.5 m×2.6 m 和 11 m×10 m×3.6 m，对办公室的分区如图 2-7 所示，大厅的分区在此没有给出。办公室分为 80 个区域（5×4×4个网格），大厅分为 486 个区域（9×9×6 个网格）。假设办公室和大厅均没有窗户和门，忽略与外界环境的气流渗漏。室内初始温度均为 21℃，入口气流温度为 13℃，流量为 400 cfm（11.3 m^3/min），散流器直径 0.7 m。办公室通风系统为 1 个送风口和 1 个回风口。大厅有 4 个送风口和 4 个回风口，其位置根据不同的想定来具体确定。

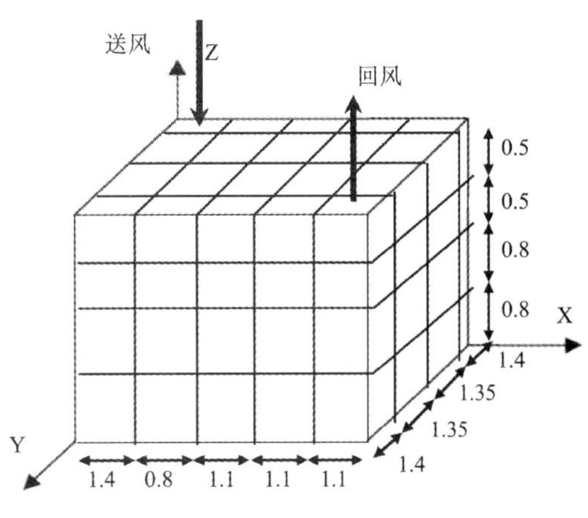

图 2-7　典型办公室的分区示意图

对办公室的两个角落和大厅均匀分布的四个位置分别进行了暴露评估，具体位置如图 2-8 标注所示。分别对瞬时暴露剂量和累积暴露剂量进行了评估，瞬时暴露的定义公式为：

$$E = \int_{t_1}^{t_2} C(t)\,\mathrm{d}t \tag{2.53}$$

累积暴露剂量定义为在给定时间内瞬时暴露剂量值的总和。本例中以典型的生化毒剂沙林气体为例，源强为 5 mg/s，地面释放，模拟开始时实施持续时间 1 min。时间步长为 1 min，模拟的时间周期为 2 h。想定主要基于毒气的有效扩散和易到达性，办公室内对应 4 个想定释放位置，1 号位置对应送风口下方释放，2、3 号对应人员附近释放，4 号对应沿壁面（门）附近释放。大厅对应 5 个想定释放位置，1、2、3 和 4 号位置分别位于送风口下方，5 号为中央任意选点。

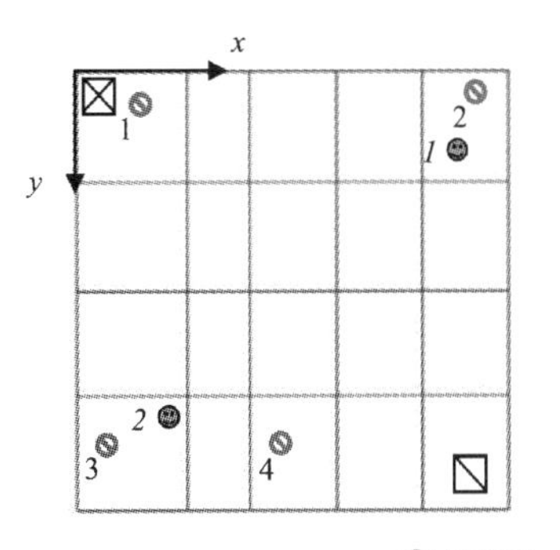

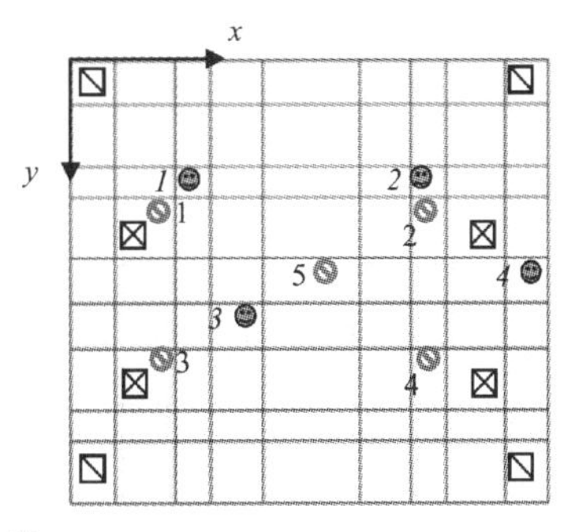

源位置；暴露位置

图 2-8　释放源位置和暴露位置示意图（未按实际比例）

利用 Zonal 模型模拟得到想定情况的气流速度、污染浓度和人员暴露剂量后，利用 Matlab 遗传算法优化工具包进行传感器系统设计，包括传感器的数量和位置。首先要建立 GA 算法的目标函数，即探测时间和总暴露剂量。

目标的探测时间 J_{det}：

$$J_{\text{det}} = \sum_{k=1}^{N} p_k \times t_{\text{det}-k} \tag{2.54}$$

式中：p_k——第 k 个释放想定发生的概率；

N——释放想定的总数。

第 k 个想定所产生的人员总暴露剂量，E_k 定义为：

$$E_k = \sum_{m=1}^{s} \sum_{t=0}^{t_{\text{det}-k}} \text{Exp}(m,t) \tag{2.55}$$

式中：$Exp(m,t)$——第 m 个人员在 t 时间的暴露剂量；

S——人员的数量。

故对于所有 N 个想定而言，基于总暴露剂量的目标函数 J_{exp}，可定义为：

$$J_{\text{exp}} = \sum_{k=1}^{N} p_k \times E_k \tag{2.56}$$

传感器灵敏度对系统设计的影响在此忽略，假设传感器的灵敏度为固定值，如 0.03 mg/m^3。当传感器的数量等于想定情况数量时，传感器有许多种布设形式存在。实际条件中也不允许有多个传感器放置在同一个房间内，而是希望以最少的传感器能够在可接受的时间和暴露水平下实现报警。

对于办公室环境，表 2-2 给出了以最小探测时间和最小暴露剂量作为目标函数获得的 1 个和 2 个传感器的可能位置。可见，以 D(检测时间)作为目标函数时，对于两个传感器，最小探测时间是1 min，由于以 E(人员暴露剂量)作为目标函数时也能保证这个检测时间，因此，1、2 号布设样式可以不考虑。那么，只存在两种可选布设方式。而实际应用中，542 区域和 533 区域只隔一个区域，可作为同一个区域考虑。另一个可能的传感器位置是 2 号人员附近，因为该处人员靠近出风口，大量的室内回流空气经过 2 号人员流向出风口。传感器数量只有 1 个时，有 2 个可能位置。同样，不考虑 5、6 号方案，由于传感器放在 542 区域，其总暴露剂量更小，即是我们预期的布设位置。传感器布设示意如图 2-9 所示。

大厅传感器设计思路和程序同前，对于 1 个和 3 个传感器的可能布设方案如表 2-3 所示。传感器设计分别选 3 号和 5 号方案，当有 3 个传感器时，1 个位于第一个释放源位置附近，另外 2 个分别设在其余人员所在区域；当只有 1 个传感器时，可设在第一个释放源附近。如图 2-10 所示。

表 2-2　办公室传感器设计(灵敏度 0.03 mg/m^3)

设计编号	数量	目标	位置	适合值
1	2	D	221,542	1 min
2	2	D	311,542	1 min
3	2	E	321,542	1.251×10^{-4} kg/kg
4	**2**	**E**	**141,533**	**1.251×10^{-4} kg/kg**
5	1	D	542	1.25 min
6	1	D	441	1.25 min
7	**1**	**E**	**542**	**1.302×10^{-4} kg/kg**
8	1	E	441	1.616×10^{-4} kg/kg

注：D 为检测时间；E 为人员暴露剂量。黑体代表了所选择的设计方案(下同)。

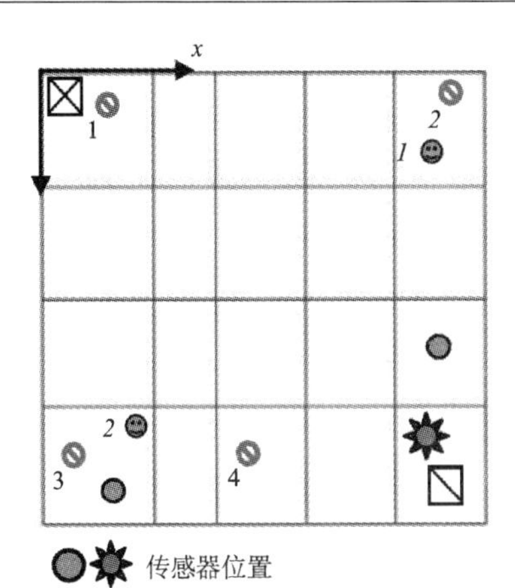

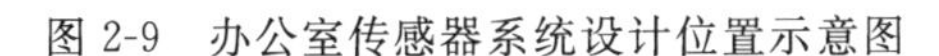

图 2-9　办公室传感器系统设计位置示意图

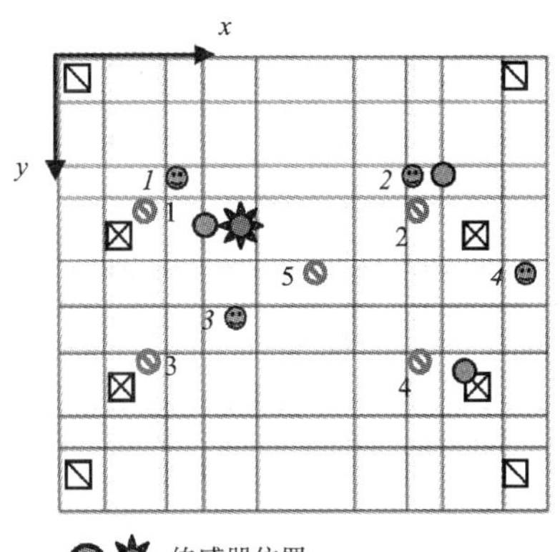

图 2-10　大厅传感器系统设计位置示意图

表 2-3　大厅传感器设计(灵敏度 0.03 mg/m³)

设计编号	数量	目标	位置	适合值
1	3	D	241,541,561	1 min
2	3	E	531,626,635	9.962×10^{-6} kg/kg
3	**3**	**E**	**441,734,872**	**1.371×10^{-5} kg/kg**
4	1	D	241	1 min
5	**1**	**E**	**441**	**1.662×10^{-5} kg/kg**
6	1	E	426	2.225×10^{-5} kg/kg

2.3.4　小结

区域模型的应用范围广泛,既可用于预测稳态情况,又可对动态问题进行分析。常见的可用区域模型分析的稳态问题包括:预测高大空间垂直温度分布情况,预测房间内自然对流、混合对流情况下的空气流动情况和空气温度分布,预测房间中的各种舒适性指标的分布,预测多房间系统的室内空气流动情况和温度分布、浓度分布。动态问题包括:预测室内温度分布并应用于室内局部区域的温度控制,研究传感器的位置设置,预测室内污染物分布并用于控制。

2.4　多区—区域耦合模型

2.4.1　基本概念

由于在多区模型中没有考虑单个控制体内的流动特征,当对某一个控制体感兴趣时,多区模型不能给出更详细的信息。当然,使用 CFD 模型对其进行深入分析,可以获得更加丰富的信息,同时也耗费了更多的计算资源和时间。区域模型介于多区模型和 CFD 方法之间,且其计算量较少,又能给出较好的计算结果。基于此,有研究人员将区域模型与多区模型进行耦合，用于研究室内污染源对人员暴露的评估，如贝尔法斯特女王大学科学与技术研究中心开发了 COwZ 模型（基于子区域的 COMIS 模型），能够预测污染源的源强、局部浓度和污染物在大空间内的扩散，该模型将区域模型嵌入 COMIS 多区网络模型，使得既能模拟室内的流动变量，又能模拟整栋建筑的流动特点。

建筑内环境污染物从源或释放点开始扩散，对其模拟主要取决于模型对污染源释放和扩散过程模拟的有效性。对于污染源所占的房间，可以利用笛卡尔网格划分方法进一步细分为更小的控制体或单元（子区域 sub-zones），在这些小的子区域内，假设温度和浓度分布均匀一致；对于其他房间作单一区域处理，这种处理方法的思路是源于孤立区域模型（standalone zonal model）技术。室内分区通常分为标准子区域和流体元子区域等两类型。

2.4.1.1 标准子区域（standard sub-zones）

标准子区域模型假设相邻的子区域的温度无显著差别，其主要特点是它们之间的流速（动量）较小，主要由压差驱动。相邻子区域之间的质量流量在水平面和垂直面上采取不同的计算方法。

通过垂直面的气流计算公式为：

$$m_{j,i} = C_d \rho A \mid p_j - p_i \mid^n \left(\frac{p_j - p_i}{\mid p_j - p_i \mid} \right) \tag{2.57}$$

通过水平面的气流计算公式为：

$$m_{j,i} = C_d \rho A \mid (p_j - p_i) - \frac{g}{2}(\rho_i h_i + \rho_j h_j) \mid^n \left[\frac{(p_j - p_i) - g(\rho_i h_i + \rho_j h_j)/2}{\mid (p_j - p_i) - g(\rho_i h_i + \rho_j h_j)/2 \mid} \right] \tag{2.58}$$

式中：$m_{j,i}$——邻域间的空气质量流量，kg/s；当 $m_{j,i} \geqslant 0$ 时，气流从 j 子区域流向 i 子区域；

C_d——热交换系数，$\mathrm{m/(s \cdot Pa^n)}$；

A——邻域间公共面的面积，$\mathrm{m^2}$；

h——子区域的高度，m。

2.4.1.2 流体元子区域（flow element sub-zones）

流体元子区域模型用于由机械通风口、风扇、加热器或冷、热的室内壁面等驱动的局部空气流动，此时，气流速度可由描述驱动流的特定模型计算得到。以二维顶壁射流为例，其射流的高度 $h(x)$、最大速度 $u_m(x)$、气流量 $q(x)$ 和穿透长度 l_{re} 可由下列公式计算得到。

$$h(x) = 0.16x \tag{2.59}$$

$$u_m(x) = 3.5u_0 \sqrt{\frac{b_o}{x}} \tag{2.60}$$

$$q(x) = 0.25q_0 \sqrt{\frac{x}{b_o}} \tag{2.61}$$

$$l_{re} = 4.1H \tag{2.62}$$

式中：x——射流轴向距离喷嘴的距离，m；

q_0——喷嘴出口的质量流量，kg/s；

b_0——散流器的高度，m；

u_0——喷嘴出口的气流速度，m/s；

H——房间的高度，m。

顶壁射流在流体元子区域中所占部分如图 2-11 所示。在流体元子区域上部气流由喷嘴射流驱动，而下部则是用与标准子区域模型相同的方法计算得到。

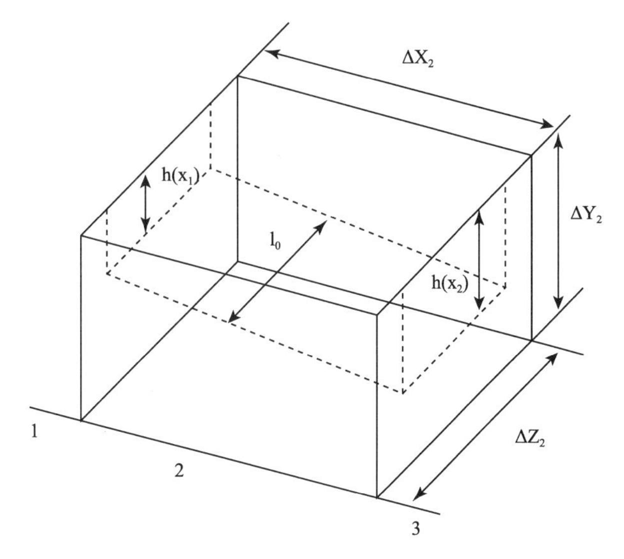

图 2-11　入口喷射气流所占区域示意图

当两股或多股驱动因素产生的气流轨迹交迭时，其相互作用的处理方法比较困难。采取不同驱动描述模型进行叠加和实验拟合的方式，其实际应用价值较小。此时，虽然采取标准子区域模型会导致气流计算速度偏小，但仍建议采取标准子区域模型。假如相互作用发生在速度较大的区域，最好采取流体元子区域模型。

2.4.1.3　空间分区

通常将空间分成若干个并排的长方体，可简化房间分区和邻域公共面的处理，近壁和拐角处可选择其他的形状。

首先要确定分区数量、尺寸和形状。这需要预先考察房间的主要特性和产生什么样的气流。首要任务是流动的驱动因素和它们的轨迹。例如，对于顶壁射流，穿透长度是房间高度的 4 倍，沿射流轴心方向的射流高度是距离喷嘴距离的 0.16 倍。由此可决定沿喷嘴路径上需要的流体元子区域的数量及包含喷嘴气流的深度。

在空房间子区域的长宽通常可为 1～2.5 m，高为 0.25～1 m；或者垂直方向 4～10 个分区，水平方向 6～15 个分区。需按照模拟空间的特征调整分区的数量、尺寸和方位。在温度、浓度梯度较大的区域（源附近），或需要求解详细分布时，应划分更多和更小的分区。对于采取标准子区域模型的区域，增加分区对提高精度作用不明显。

对于热流子区域，其区域内温度梯度大（如热烟羽、热壁面边界等），需要小的分区；但应该能够覆盖流体元。对于热边界流子区域，区域深度（距离热表面的距离）通常为 0.1～0.5 m。

对于标准子区域，温度和浓度梯度通常较小（当子区域包含施放源时除外），其尺寸为 0.25～2.5 m。当存在污染源时，应采取较小的分区。

2.4.1.4　释放源的模拟

当以建筑物各节点(标准子区域、流体元子区域、房间和室外)及相互间的流动,建立动量和热量平衡方程,就组成了非线性方程组,求解方程即可得到每个区域的压力、温度和气流量。当提供了污染源的源强或者有源的释放模型,就可以计算污染物的浓度。在 COwZ 模型中包括液池、湿涂层及气体和液体喷射释放等三种类型的源释放模型。

2.4.2　应用示例

对于某机械通风房间结构示意图如图 2-12 所示,房间尺寸为 9 m×3 m×3 m,模拟人位于(3,0)的室内中心平面上,由人员产生的热羽流与水平喷嘴射流相互作用,进行三维模拟分析。假设在室内气流相对于中心平面是对称的,因此只需室内半边进行模拟。在 z 轴方向分为 3 个区域,宽 0.5 m。入口气流速度为 0.455 m/s,对应通风交换系数为 10/h。送风温度为 21℃。人体表面的热通量为 25 W/m²。壁面为绝热边界。空气入口喷嘴位于 x=0 的顶壁,与房间同宽;出口在 x=9 的壁面底部,与房间同宽。

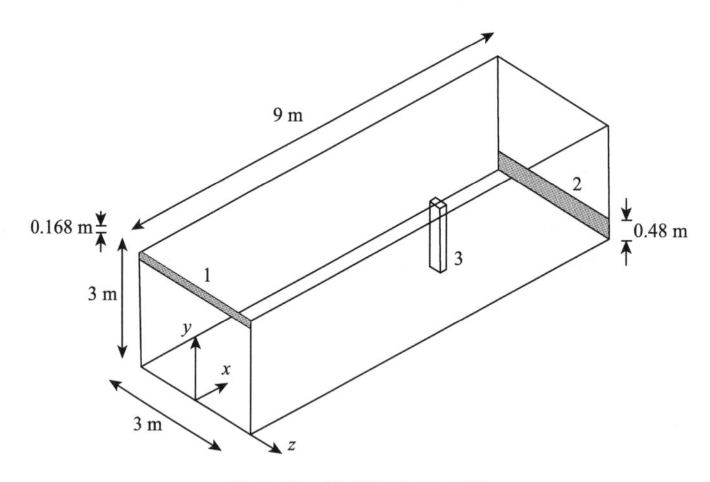

图 2-12　模型结构示意图

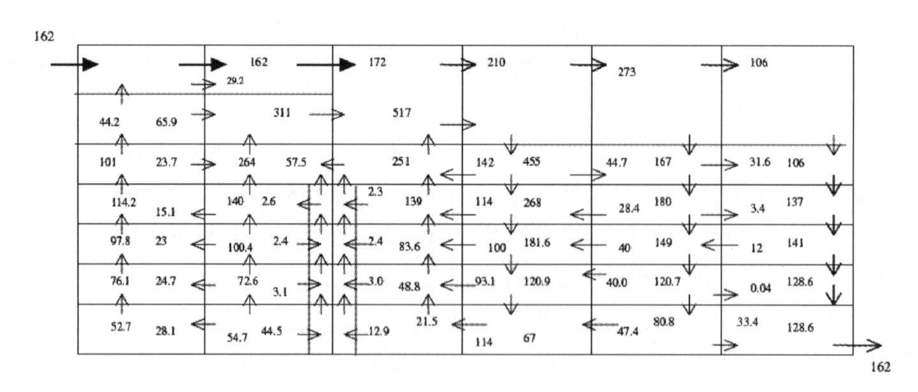

图 2-13　中心平面的空气流量 COwZ 模拟结果(kg/h)

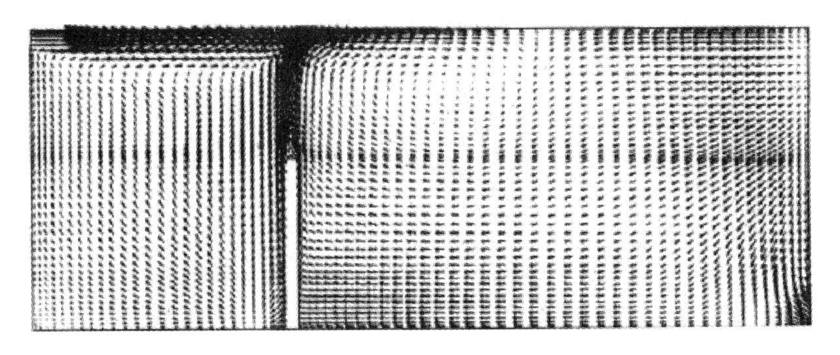

图 2-14　中心平面的 CFD 模拟结果(Brohus,1997)

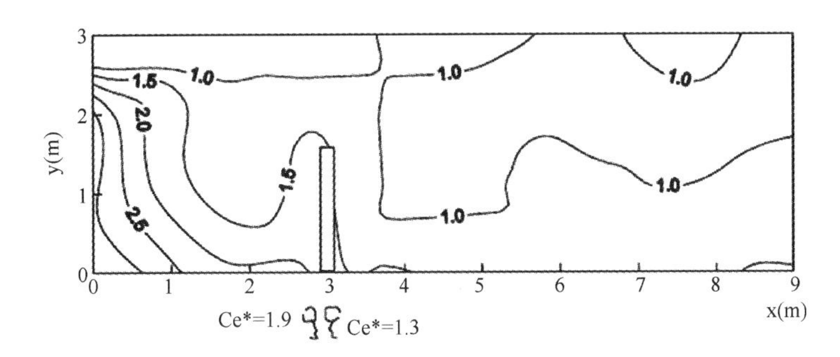

图 2-15　中心平面的无量纲浓度分布 COwZ 模拟

由于人体产生较强的热羽流(图 2-14),与入口射流在顶部相互作用,产生了向下的低速回流区,入口射流部分向在上升的热空气流两边(z 轴)分流。图 2-13 模拟结果较好地捕捉了这一流动机制,但低速回流的求解结构较差。

假设地面为污染物面释放源,其模拟结果如图 2-15 所示。可见,在完全混合区,无量纲浓度等于 1。但模拟结果表明,在靠近释放源和左侧角落的位置,浓度分布存在明显的梯度。Brohus 等研究表明,在人体附近浓度分布也存在较大的梯度。其无量纲暴露浓度主要取决于人体的位置,改变人体的方向(向右或向左)其暴露范围在 1.3～1.9。

对应被动浓度点源(即释放源初始动量和浮力很小,可忽略),污染物以很小的送风速度释放,且温度和密度与室温和室内空气密度相等,如室内涂层释放的污染和自然蒸发。释放源位于室内中心平面,地面以上 1 m,x=2 m 和 x=4 m 的位置。其浓度等值线如图 2-16 所示,范围在 1.0～6.0。污染物分布导致的无量纲暴露浓度范围为 1.0～3.0,主要取决于源的位置和人体的位置及面部方向。当释放源位于 x=4 m 时,面向左的暴露浓度为 1.7,面向右的暴露浓度为 3.0。说明人员位置和面部方向对暴露评估影响的重要性。

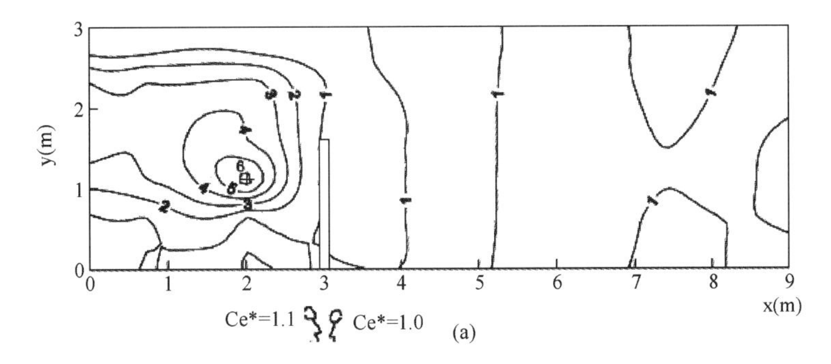

(a)

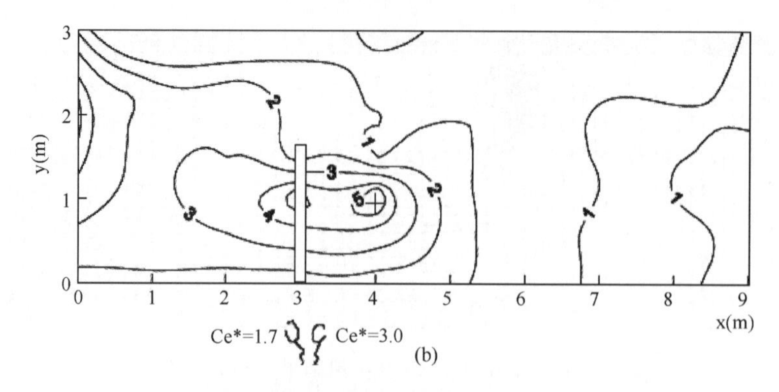

图 2-16　被动点源浓等值线 COwZ 模拟结果

对人体面部不同朝向和点源位置分别利用 COwZ 进行模拟，其工况见表 2-4。图 2-17 给出了 8 h 中等强度工作周期内人员的暴露剂量。结果表明，当污染源位于流向的上风方向、面向源时，其暴露剂量最高，其 8 h 吸入剂量为 51.8 mg；而当背向源且源位于下风方向时，暴露剂量为 17.3 mg。此外，人员暴露还与其活动强度有关，如休息、中等强度或重度劳动等。

表 2-4　COwZ 模拟工况表

编号	人体位置(x,z)	面部朝向	点源位置(x,y,z)
D21	(3,0)	向左	(2,1,0)
D22	(3,0)	向右	(2,1,0)
D23	(3,0)	向左	(4,1,0)
D24	(3,0)	向右	(4,1,0)

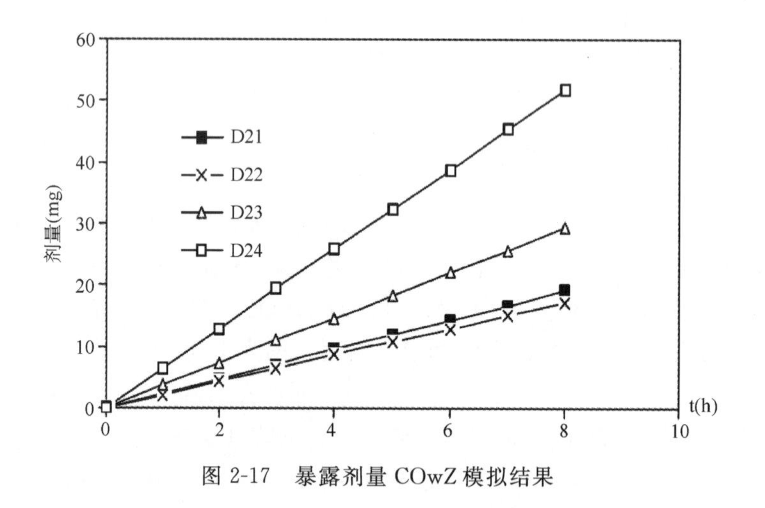

图 2-17　暴露剂量 COwZ 模拟结果

2.4.3　小结

采取多区—区域耦合模型，能够预测建筑物内及特定房间的气流、温度和浓度分布，在建筑室内暴露评估及核生化环境模拟中具有较好的应用前景。当考虑添加污染源模型后，可以采取局部(子区域)模拟输入参数，而不是将整个房间做平均处理，能够有效地提高对室内乃至整栋建筑污染扩散和能量模拟的精度。

第 3 章　计算流体力学基础

3.1　室内核生化物质扩散的数学模型

3.1.1　室内气流运动模拟

室内空气流动为低速、不可压缩性流动，具有复杂的流动特征。对于有通风系统的室内气流运动而言，受送风射流驱动，送风口附近的流动为抛物线型方程描述的喷嘴射流；出口附近的流动为椭圆型 Laplace 方程描述的位势流。室内气流运动的驱动力主要是由机械通风、热浮力或者室外风压产生的压力差等。一般认为，室内空气流动符合 Bonssinesq 假设，在三维笛卡尔直角坐标系中，描述室内空气流动、热传递和气态物质扩散的守恒型微分控制方程组如下所示。

连续方程：

$$\frac{\partial}{\partial x}(\rho u)+\frac{\partial}{\partial y}(\rho v)+\frac{\partial}{\partial z}(\rho w)=0 \tag{3.1}$$

动量方程：

$$\frac{\partial}{\partial t}(\rho u)+\frac{\partial}{\partial x}(\rho uu)+\frac{\partial}{\partial y}(\rho vu)+\frac{\partial}{\partial z}(\rho wu)=-\frac{\partial p}{\partial x}+\frac{\partial}{\partial x_j}\left[\mu\left(\frac{\partial u}{\partial x_j}+\frac{\partial u_j}{\partial x}\right)\right] \tag{3.2}$$

$$\frac{\partial}{\partial t}(\rho v)+\frac{\partial}{\partial x}(\rho uv)+\frac{\partial}{\partial y}(\rho vv)+\frac{\partial}{\partial z}(\rho wv)=-\frac{\partial p}{\partial y}+\frac{\partial}{\partial x_j}\left[\mu\left(\frac{\partial v}{\partial x_j}+\frac{\partial u_j}{\partial y}\right)\right] \tag{3.3}$$

$$\frac{\partial}{\partial t}(\rho w)+\frac{\partial}{\partial x}(\rho uw)+\frac{\partial}{\partial y}(\rho vw)+\frac{\partial}{\partial z}(\rho ww)=-\frac{\partial p}{\partial z}+\frac{\partial}{\partial x_j}\left[\mu\left(\frac{\partial w}{\partial x_j}+\frac{\partial u_j}{\partial z}\right)\right]-\rho g\beta(T-T_0) \tag{3.4}$$

能量方程：

$$\frac{\partial}{\partial t}(\rho c_p T)+\frac{\partial}{\partial x}(\rho c_p uT)+\frac{\partial}{\partial y}(\rho c_p vT)+\frac{\partial}{\partial z}(\rho c_p wT)=\frac{\partial}{\partial x_j}\left(k\frac{\partial T}{\partial x_j}\right)+q \tag{3.5}$$

3.1.2　气态物质扩散模拟

室内气态物质的扩散主要由分子扩散和湍流扩散组成。前者主要受物质扩散系数的影响，后者主要受湍流扩散系数影响。而在室内空气流动中，对于低浓度气态物质的扩散，后者的作用远大于前者。因此，气态物质在室内的扩散过程可以看作是被动标量的输运过程，主要取决于室内空气流动的湍流特性。

气态物质的扩散方程：

$$\frac{\partial C}{\partial t}+\frac{\partial}{\partial x}(uC)+\frac{\partial}{\partial y}(vC)+\frac{\partial}{\partial z}(wC)=\frac{\partial}{\partial x_j}\left(D\frac{\partial C}{\partial x_j}\right)+S \tag{3.6}$$

以上方程组具有相同的形式，每个方程都包含瞬时项、对流项、扩散项和源项。故由式(3.1)～式(3.6)描述的控制方程组也可表示为以下通用形式：

$$\frac{\partial}{\partial t}(\rho\varphi)+\frac{\partial}{\partial x_j}(\rho u_j\varphi)=\frac{\partial}{\partial x_j}\left(\Gamma_\varphi\frac{\partial\varphi}{\partial x_j}\right)+S_\varphi \tag{3.7}$$

式中：φ 为通用变量，可以是速度分量(u,v,w)、温度(T)、浓度(C)等求解变量；Γ_φ 为广义扩散系数；S_φ 为广义源项。因而，对于数值计算的模型方程，不同求解变量之间的区别除了边界条件与初始条件外，就在于 Γ_φ 和 S_φ 的表达式的不同。

以上控制方程中包含 6 个未知变量，方程组是封闭的。对于三维湍流运动，要求解得到其耦合非线性偏微分方程组的解析解是非常困难的，通常采用 CFD 方法对其进行数值求解。

3.1.3　颗粒物扩散模拟

室内人员活动频繁，由人员呼吸、通风系统等产生的颗粒物是微生物病毒、细菌传播的主要载体。假设颗粒物为球形粒子，忽略颗粒间的相互作用，也不考虑颗粒体积分数对连续相的影响。计算时需要给出颗粒的初始位置、速度、颗粒大小、温度及颗粒的物性参数。颗粒轨迹的计算根据颗粒的力学平衡公式(3.8)计算。颗粒的传热传质则根据颗粒与连续相间的对流和辐射换热及质量交换来计算。

在 Lagrangian 坐标系下，根据作用在颗粒上的力平衡原理，其运动方程为：

$$\frac{\mathrm{d}u_p}{\mathrm{d}t}=F_D(u-u_p)+g_x(\rho_p-\rho)/\rho_p+F_x \tag{3.8}$$

其中，

$$F_D=\frac{18\mu}{\rho_p D_p^2}\frac{C_D\mathrm{Re}}{24} \tag{3.9}$$

式中：u 是连续相速度，u_p 是颗粒速度，μ 是流体的分子黏性系数，ρ、ρ_p 分别是流体与颗粒的密度，D_p 是颗粒直径，Re 是相对雷诺数，定义为：

$$\mathrm{Re}=\frac{\rho D_p|u_p-u|}{\mu} \tag{3.10}$$

阻力系数 C_D 根据光滑球体颗粒实验结果给出。当颗粒粒径在微米以下量级时，采用 Stokes 阻力公式：

$$F_D=\frac{18\mu}{D_p^2\rho_p C_c} \tag{3.11}$$

$$C_c=1+\frac{2\lambda}{D_p}\left[1.257+0.4e^{-\frac{1.1D_p}{2\lambda}}\right] \tag{3.12}$$

式中：C_c 是 Cunningham 校正系数，λ 是分子平均自由程。

在室内无论是生物颗粒物还是放射性尘埃的扩散，其气溶胶颗粒物受附加作用力中，相对于 Stokes 曳力而言，附加质量力、气流压力梯度力均可忽略，而布朗力、热致迁移力或辐射力、剪切流导致的 Saffman 升力与 Stokes 曳力相比通常要小两个数量级，但在湍流边界层中，这些力与 Stokes 曳力相当，有时会对颗粒沉降过程产生重要影响，模拟计算时需要加以考虑。

对于湍流流动而言，流场的平均速度决定了颗粒的平均运动轨迹，考虑湍流脉动速度对颗粒运动轨迹的影响，可采用 DRW(Discrete Random Walk)模型。该模型假设在涡旋寿命的时间内，脉动速度各个方向的分量符合高斯分布规律，且脉动速度分量在涡旋寿命时间段内是常数。则 x 方向脉动速度为：

$$u' = \xi \sqrt{\overline{u'^2}} = \sqrt{2k/3} \tag{3.13}$$

式中：ξ 是成正态分布的随机数。由于流场各点的湍流动能是已知，颗粒轨道的计算用流体的瞬时速度 u'，通过对颗粒轨迹方程积分得到。

3.2 湍流模型

3.2.1 湍流模拟概述

湍流是室内空气流动的最显著特征，其具有不规则性和随时间和空间坐标的随机性。从物理结构上讲，湍流可以被看成是由各种不同尺度的涡旋叠加而成的流动，这些涡的大小及旋转轴的方向分布是随机的。大尺度的涡主要由流动的边界条件所决定，其尺寸可以与流场的大小相比拟，是引起低频脉动的原因；小尺度的涡主要是由黏性力所决定，其尺寸可能只有流场尺度的千分之一的量级，是引起高频脉动的原因。正是由于这种不同尺度涡旋的随机运动造成了湍流的一个重要特点——物理量的脉动。一般认为，无论湍流运动多么复杂，非稳态的Navier-Stokes方程对于湍流的瞬时运动仍是适用的。

湍流的数值模拟主要分三大类：直接数值模拟(DNS)、大涡模拟(LES)和基于雷诺时均方程(RANS)的方法。

3.2.1.1 直接数值模拟

直接数值模拟方法是直接求解三维非定常的Navier-Stokes方程，得到湍流的瞬态流场，从而获得湍流运动各物理量的详细信息。要对复杂的湍流运动进行直接数值模拟，须采用精细的网格和微小的时间步长，才能分辨出湍流中详细的空间结构及变化剧烈的时间特性。但由于受到计算机内存空间及计算速度的限制，目前DNS的应用只限于一些低雷诺数的简单流动，如平板湍流边界层、完全发展的槽道流、后台阶流动等。对于室内空气流动来说，其最小长度特征尺度可小于0.1 mm，DNS模拟所需网格单元数为$Re^{9/4}$，以目前的计算机水平，还难以将其应用于室内的气流和物质扩散模拟中。

3.2.1.2 大涡模拟

由于湍流的大涡结构强烈地依赖于流场的边界形状和边界条件，难以找出普适的湍流模型来描述具有不同边界特征的大涡结构，因此，宜做直接模拟。相反，小尺度涡对边界条件不存在直接依赖关系，而且一般具有各向同性性质。大涡模拟的基本思想是直接计算大尺度漩涡，而对小尺度漩涡采用亚格子模型的方法。亚格子模型具有较大的普适性，容易构造和应用。

使用滤波函数过滤小尺度漩涡后，室内空气不可压缩流动过滤方程为：

$$\frac{\partial \bar{u}_i}{\partial x_i} = 0 \tag{3.14}$$

$$\frac{\partial \bar{u}_i}{\partial t} + \frac{\partial \bar{u}_i \bar{u}_j}{\partial x_j} = -\frac{1}{\rho}\frac{\partial \bar{p}}{\partial x_i} + v\frac{\partial^2 \bar{u}_i}{\partial x_j \partial x_j} - \frac{\partial \tau_{ij}}{\partial x_j} + g_j\beta(\bar{\theta} - \theta_0)\delta_{ij} \tag{3.15}$$

式中：θ 为温度；τ_{ij} 为亚格子应力，定义为：$\tau_{ij} \equiv \overline{u_i u_j} - \bar{u}_i \bar{u}_j$，与雷诺应力相仿，亚格子应力是过滤

掉的小尺度漩涡和可解尺度湍流间的动量输运。这里变量上方的“－”表示过滤，定义为：

$$\bar{u}_i = \int_v G(x,x')u_i(x')\mathrm{d}x' \tag{3.16}$$

$$G(x,x') = \begin{cases} 1/V, x' \in v \\ 0, x' \notin v \end{cases} \tag{3.17}$$

式中：V 为计算网格单元的体积。

假定用各向同性滤波函数过滤掉的小尺度漩涡是局部平衡的，即由可解尺度向不可解尺度的能量传输等于湍流动能耗散率，则可以采用涡黏形式的亚格子应力模式：

$$\tau_{ij} - 1/3\tau_{kk}\delta_{ij} = -2\mu_t\bar{S}_{ij} \tag{3.18}$$

式中：μ_t 为亚格子黏性系数，$\bar{S}_{ij}$ 定义为：

$$\bar{S}_{ij} \equiv \frac{1}{2}\left(\frac{\partial\bar{u}_i}{\partial x_j} + \frac{\partial\bar{u}_j}{\partial x_i}\right) \tag{3.19}$$

用于计算亚格子湍流黏性系数的模型很多，如 Smagorinsky 模型、动力模型、基于 RNG 的亚格子模型等。由 Kim 和 Menon 提出的动力亚格子模型比较具有代表性，应用范围较广。他们将亚格子动能定义为：$k_s = \frac{1}{2}(\overline{u_k^2} - \bar{u}_k^2)$；亚格子涡黏系数 μ_t 为：$\mu_t = C_k k_s^{1/2}\Delta_f$；其中，$\Delta_f$ 是滤波尺度，定义为：$\Delta_f \equiv V^{1/3}$；亚格子应力改写为：$\tau_{ij} - \frac{2}{3}k_s\delta_{ij} = -2C_k k_s^{1/2}\Delta_f\bar{S}_{ij}$；$k_s$ 由以下输运方程求解：

$$\frac{\partial\bar{k}_s}{\partial t} + \frac{\partial\bar{u}_j\bar{k}_s}{\partial x_j} = -\tau_{ij}\frac{\partial\bar{u}_i}{\partial x_j} - C_\varepsilon\frac{k_s^{3/2}}{\Delta_f} + \frac{\partial}{\partial x_j}\left(\frac{\mu_t}{\sigma_k}\frac{\partial k_s}{\partial x_j}\right) \tag{3.20}$$

式中：模型常数 C_k 和 C_ε 动态确定，σ_k 恒等于 1.0。

当前，国外有少数研究者在利用 LES 方法模拟室内空气流动和污染物扩散方面进行了探索性研究。由于 LES 对计算机性能要求相对较高，计算耗时长，实际应用较少，故本书未采用该模拟方法。

3.2.1.3　基于 RANS 的方法

在求解湍流的非稳态 N-S 方程时，采用雷诺时均方法，将非稳态 N-S 方程转化为雷诺时均方程，而方程中未知的高阶时间平均值采用模型表示为低阶的可确定量的函数。这些模型的构建通常是依据湍流的理论知识、实验数据或直接数值模拟结果，对雷诺应力做出各种假设，即采用各种经验或半经验的本构关系，使湍流的雷诺时均方程闭合。RANS 模型又可分为涡黏性模型和雷诺应力模型。

利用 Boussinesq 假设，湍流脉动所造成的附加应力与时均的速度梯度成正比，即：

$$\tau_{ij} = -\rho\overline{u_i'u_j'} = \mu_t\left(\frac{\partial\,\overline{u_i}}{\partial x_j} + \frac{\partial\,\overline{u_j}}{\partial x_i}\right) - \frac{2}{3}\delta_{ij}\rho k \tag{3.21}$$

k 是单位质量流体的湍流脉动动能：

$$k = \frac{1}{2}(\overline{u'^2} + \overline{v'^2} + \overline{w'^2}) \tag{3.22}$$

类似于湍流切应力的处理，对其他变量（温度、污染物浓度）的湍流脉动附加项引入相应的湍流扩散系数 Γ_t，则湍流脉动所输运的通量与时均参数的关系式为：

$$-\overline{\rho u'_j\varphi'} = \Gamma_t\frac{\partial\varphi}{\partial x_j} \tag{3.23}$$

这里需要指出，虽然 μ_t 与 Γ_t 都不是流体的物性参数，而取决于湍流的流动特征，但实验表明，其比值，即湍流 Prandtl 数（φ 为温度）或湍流 Schmidt 数（φ 为浓度），通常可以近似地视为常数。

3.2.2 湍流模型

3.2.2.1 零方程模型

零方程模型是指采用代数关系式把湍流黏性系数与时均值联系起来的模型。有文献提出采用简单的代数函数关系将湍流黏度表示为当地速度 V 和长度尺度 l 的函数，即：

$$\mu_t = 0.03874\rho Vl \tag{3.24}$$

不同流动条件下，不用调整该方程的常数。采用下式计算温度的湍流有效扩散系数。

$$\Gamma_{T,eff} = \frac{\mu_{eff}}{\mathrm{Pr}_{eff}} \tag{3.25}$$

有效 Prandtl 数为 0.9。采用相似的方法，组分浓度的湍流有效扩散系数用下式计算。

$$\Gamma_{C,eff} = \frac{\mu_{eff}}{Sc_{eff}} \tag{3.26}$$

式中：有效 Schmidt 数为 1.0。

3.2.2.2 标准 k-ε 模型

Launder 和 Spalding 提出的标准 k-ε 模型广泛应用于室内空气流动的模拟。湍流动能 k 和耗散率 ε 的模型方程分别为：

$$\frac{\partial}{\partial t}(\rho k) + \frac{\partial}{\partial x_i}(\rho k u_i) = \frac{\partial}{\partial x_j}\left[\left(\mu + \frac{\mu_t}{\sigma_k}\right)\frac{\partial k}{\partial x_j}\right] + G_k + G_b - \rho\varepsilon \tag{3.27}$$

$$\frac{\partial}{\partial t}(\rho\varepsilon) + \frac{\partial}{\partial x_i}(\rho\varepsilon u_i) = \frac{\partial}{\partial x_j}\left[\left(\mu + \frac{\mu_t}{\sigma_\varepsilon}\right)\frac{\partial \varepsilon}{\partial x_j}\right] + C_{1\varepsilon}\frac{\varepsilon}{k}(G_k + C_{3\varepsilon}G_b) - C_{2\varepsilon}\rho\frac{\varepsilon^2}{k} \tag{3.28}$$

式中：G_k 表示由速度梯度产生的湍流动能：

$$G_k = -\rho\overline{u_i' u_j'}\frac{\partial u_j}{\partial x_i} \tag{3.29}$$

当考虑重力和温度时，G_b 是由浮力产生的湍流动能：

$$G_b = \beta g_i \frac{\mu_t}{Pr_t}\frac{\partial T}{\partial x_i} \tag{3.30}$$

式中：Pr_t 是湍流能量 Prandtl 数。ε 方程受浮力影响的程度取决于常数 $C_{3\varepsilon}$，$C_{3\varepsilon} = \tanh|v/u|$。湍流黏度系数的计算公式为：$\mu_t = \rho C_\mu k^2/\varepsilon$。模型常数为：$C_{1\varepsilon} = 1.44$，$C_{2\varepsilon} = 1.92$，$C_\mu = 0.09$，$\sigma_k = 1.0$，$\sigma_\varepsilon = 1.3$。

3.2.2.3 重整化群(RNG) k-ε 模型

重整化群(RNG) k-ε 模型是将非定常 Navier-Stokes 方程对于一个平衡态作高斯统计展开，并用对脉动频谱的波数段作滤波的方法获得的模型。其 k、ε 方程形式上与标准 k-ε 模型相似，但具有不同的模型常数，其模型常数由理论分析得出。其中，ε 方程为：

$$\frac{\partial}{\partial t}(\rho\varepsilon) + \frac{\partial}{\partial x_i}(\rho\varepsilon u_i) = \frac{\partial}{\partial x_i}\left[(\alpha_\varepsilon \mu_{eff})\frac{\partial \varepsilon}{\partial x_i}\right] + C_{1\varepsilon}\frac{\varepsilon}{k}(G_k + C_{3\varepsilon}G_b) - C_{2\varepsilon}\rho\frac{\varepsilon^2}{k} - R \tag{3.31}$$

式中：α_ε 为耗散率 ε 反向效应的 Prandtl 数。湍流黏性系数的计算公式为：

$$d\left(\frac{\rho^2 k}{\sqrt{\varepsilon\mu}}\right)=1.72\frac{\tilde{v}}{\sqrt{\tilde{v}^3-1-C_v}}d\tilde{v} \tag{3.32}$$

式中：$\tilde{v}=\mu_{eff}/\mu$，$C_v\approx 100$。对方程(3.32)积分，可以精确描述湍流有效输运过程随有效雷诺数(旋涡尺度)的变化，有利于模拟低雷诺数和近壁面流动问题。

当平均运动有旋时，对湍流具有重要影响，RNG k-ε 模型通过修正湍流黏性系数来考虑这类影响。湍流耗散率方程右边的 R 为：

$$R=\frac{C_\mu\rho\eta^3(1-\eta/\eta_0)}{1+\beta\eta^3}\frac{\varepsilon^2}{k} \tag{3.33}$$

式中：$\eta\equiv Sk/\varepsilon$，$\eta_0=4.38$，$\beta=0.015$。为了更清楚地体现 R 对耗散率的影响，将耗散率输运方程中的 $C_{2\varepsilon}$ 用 $C_{2\varepsilon}^*$ 代替。则：

$$C_{2\varepsilon}^*=C_{2\varepsilon}+\frac{C_\mu\rho\eta^3(1-\eta/\eta_0)}{1+\beta\eta^3} \tag{3.34}$$

在 $\eta<\eta_0$ 的区域，R 的贡献为正；$C_{2\varepsilon}^*$ 大于 $C_{2\varepsilon}$。以对数区为例，$\eta\approx 3$，$C_{2\varepsilon}^*\approx 2.0$，这和标准 k-ε 模型中给出的 $C_{2\varepsilon}=1.92$ 接近。因此，对于较小旋度的流动问题，RNG k-ε 模型比标准 k-ε 模型的模拟结果大。模型常数为：$C_\mu=0.0845$，$C_{1\varepsilon}=1.42$，$C_{2\varepsilon}=1.68$。

除了以上湍流模型外，还有标准 k-ω 模型、Reynolds 应力模型等模型。标准 k-ω 模型是基于湍流能量方程和扩散速率方程的两方程涡黏性模型。因在壁面附近 ω 值较大，该模型不需要显式的壁面衰减函数。对于逆压梯度较小的流动，该模型在对数区的模拟结果和实验数据吻合较好。可应用于壁面束缚流动和自由剪切流动的模拟。Reynolds 应力模型是求解雷诺应力张量各个分量的输运方程。其模型方程为：

$$\begin{aligned}
&\underbrace{\frac{\partial}{\partial t}(\rho\overline{u_i u_j})+\frac{\partial}{\partial x_k}(\rho U_k\overline{u_i u_j})}_{\text{对流项 } C_{ij}}=\underbrace{-\frac{\partial}{\partial x_k}\left[\rho\overline{u_i u_j u_k}+\overline{p(\delta_{kj}u_i+\delta_{ik}u_j)}\right]}_{\text{湍流扩散项 } D_{ij}^T}+\underbrace{\frac{\partial}{\partial x_k}\left[\mu\frac{\partial}{\partial x_k}\overline{u_i u_j}\right]}_{\text{分子扩散项 } D_{ij}^L}\\
&\underbrace{-\rho\left(\overline{u_i u_k}\frac{\partial U_j}{\partial x_k}+\overline{u_j u_k}\frac{\partial U_i}{\partial x_k}\right)}_{\text{应力生成项 } P_{ij}}\underbrace{-\rho\beta(g_i\overline{u_j\theta}+g_j\overline{u_i\theta})}_{\text{浮力生成项 } G_{ij}}+\underbrace{\overline{p\left(\frac{\partial u_i}{\partial x_j}+\frac{\partial u_j}{\partial x_i}\right)}}_{\text{压力生成项 } \Phi_{ij}}\underbrace{-2\mu\overline{\frac{\partial u_i}{\partial x_k}\frac{\partial u_j}{\partial x_k}}}_{\text{耗散项 } \varepsilon_{ij}}\\
&\underbrace{-2\rho\Omega_k(\overline{u_j u_m}\varepsilon_{ikm}+\overline{u_i u_m}\varepsilon_{jkm})}_{\text{系统旋转生成项 } F_{ij}}
\end{aligned} \tag{3.35}$$

方程(3.35)中，对流项 C_{ij}、分子扩散项 D_{ij}^L、应力生成项 P_{ij} 和系统旋转生成项 F_{ij} 等不需要构建模型，而湍流扩散项 D_{ij}^T、浮力生成项 G_{ij}、压力生成项 Φ_{ij} 和耗散项 ε_{ij} 需要建立相应的模型使方程组封闭。通常求解雷诺应力的方程有两种形式：微分形式的雷诺应力输运方程模型和代数应力模型。前者通用性好，但对于工程应用不经济，计算量大。因而，工程上常采用代数应力模型部分保留或者略去对流与扩散效应，将方程化为代数方程。

3.2.3 壁面函数法

固体壁面是流体无法穿透的区域。在固体壁面附近的黏性底层中，黏性阻尼减小了切向速度脉动，壁面同时阻止法向的速度脉动，流动的各向同性假设不再成立。为了解决壁面附近的流动问题，可采用 Baldwin-Lomax 模型、壁面函数法、双层模型(即外层用 k-ε 模型，内层用一方程模型)及低雷诺数的湍流模型等方法。为了避免在黏性底层内部划分过密的网格,减轻流动各向异性带来的困难,常采用壁面函数来近似描述该区的流动参数。

壁面函数法的基本思想为:

假设在所计算问题的壁面附近黏性底层以外的区域,无量纲的温度和速度分布服从对数分布律。为反映湍流脉动的影响,将 y^+、U^+ 的定义扩展为:

$$y^+ \equiv \frac{\rho C_\mu^{1/4} k_p^{1/2} y_p}{\mu}, \quad U^+ \equiv \frac{U_p C_\mu^{1/4} k_p^{1/2}}{\tau_w/\rho} \tag{3.36}$$

划分网格时,把第一个内节点P布置到对数分布律成立的范围内,即位于完全湍流区域。而壁面上的切应力和热流密度按以下差分公式计算。

$$\tau_W = \eta_B \frac{u_P - u_W}{y_p}, \quad q_W = \lambda_B \frac{T_P - T_W}{y_p} \tag{3.37}$$

由于温度、速度剧烈变化的区域集中在黏性底层中,采用上述公式计算时如果不在黏性系数与导热系数上适当加以修正,则势必导致较大的计算误差。第一内节点与壁面间区域的当量黏性系数 η_t 和当量导热系数 λ_t 为:

$$\eta_t = \frac{y_P^+}{U_P^+}\eta \tag{3.38}$$

$$\lambda_t = \frac{y_P^+ \eta C_P}{\sigma_t[\ln(Ey^+)/\kappa + P]} \tag{3.39}$$

其中,

$$P = 9\left(\frac{\sigma_l}{\sigma_t} - 1\right)\left(\frac{\sigma_l}{\sigma_t}\right)^{-1/4} \tag{3.40}$$

对第一内节点P上 k_p 及 ε_p 的确定方法作出选择。k_p 按 k 方程确定,$(\partial k/\partial y)_W \approx 0$($y$ 为垂直于壁面的坐标)。ε_p 可根据混合长度理论来计算。

$$\varepsilon_P = \frac{C_\mu^{3/4} k_P^{3/2}}{\kappa y_P} \tag{3.41}$$

一般要求,第一内节点与壁面间的无量纲距离应满足:$11.5 \leqslant y^+ \leqslant 400$,因为速度的对数分布律只有在这一范围内才成立,而在开始计算时并不知道这些无量纲值,所以在计算时必须反复调整,使其落在该范围内。

3.3 数值计算方法

3.3.1 方程的离散

3.3.1.1 有限体积法

有限体积法是目前大多数CFD商业软件所选用的离散方法。该方法在每一个控制容积内积分控制方程,从而导出基于控制容积的每一个变量都守恒的离散方程。下面以标量 φ 输运的定常守恒型控制方程为例,说明控制方程的离散过程。对控制容积 V 的积分形式的方程为:

$$\oint \varphi \boldsymbol{v} \cdot d\boldsymbol{A} = \oint \Gamma_\varphi \nabla\varphi \cdot d\boldsymbol{A} + \int_V S_\varphi dV \tag{3.42}$$

式中：$\boldsymbol{v}$ 为速度矢量，$\boldsymbol{A}$ 为曲面面积矢量，V 为单元体积。该方程被应用于区域内每一个控制容积或者单元。图 3-1 为二维三角形单元作为控制容积的例子，在给定单元内离散方程式(3.42)得：

$$\sum_{f}^{N_{faces}} \rho_f \varphi_f \boldsymbol{v}_f \cdot \boldsymbol{A}_f = \sum_{f}^{N_{faces}} \Gamma_\varphi (\nabla \varphi)_n \cdot \boldsymbol{A}_f + S_\varphi V \tag{3.43}$$

式中：N_{faces} 为封闭单元的面的个数；φ_f 为标量 φ 通过表面 f 的对流量；$\rho_f \boldsymbol{v}_f \cdot \boldsymbol{A}_f$ 为通过表面 f 的质量流量；$(\nabla\varphi)_n$ 为标量 φ 的梯度在表面 f 法向的分量。

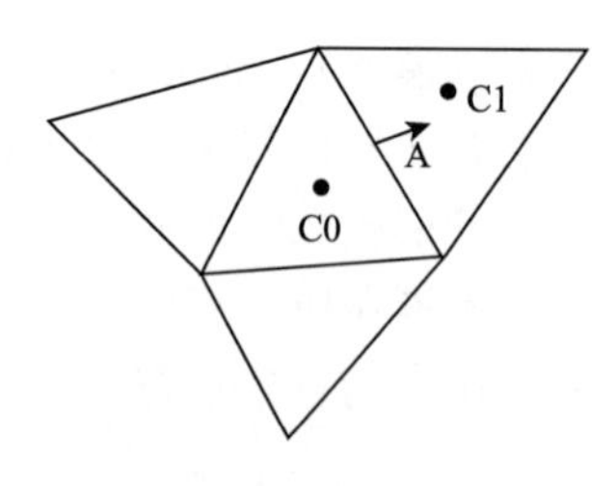

图 3-1　用于标量输运方程离散的控制容积

式(3.43)为采用有限体积法离散控制方程得到的离散方程的通用形式，它适合于结构网格和非结构网格。计算时在单元的中心存储标量 φ 的离散值。而该方程对流项中的表面值 φ_f 由差分离散格式从单元中心插值得到。

3.3.1.2　离散格式

为构建控制方程中导数项的离散格式，常采用 Taylor 展开或控制容积积分方法。对扩散项常采用中心差分格式，而对对流项可采用的差分格式有：迎风格式、混合格式（Hybrid Scheme，HS）、乘方格式（Power-law Scheme，PLS）和指数格式（Exponential Scheme，ES）等。在迎风格式中，一阶迎风格式容易引起较大的伪扩散计算误差，为了有效抑制这种伪扩散现象，常采用高阶精度的离散格式，如 QUICK 格式、二阶迎风格式等。

(1)一阶迎风格式

当采用一阶精度的迎风格式时，假定描述单元内变量平均值的单元中心变量就是整个单元内各个变量的值，而且单元表面的量等于单元内的量。即对控制容积界面上的变量 φ 的取值规定如下(图 3-2)：

$$\begin{aligned}&\text{在 } e \text{ 界面上：} u_e > 0, \varphi = \varphi_P;\ u_e < 0, \varphi = \varphi_E \\ &\text{在 } w \text{ 界面上：} u_e > 0, \varphi = \varphi_W;\ u_e < 0, \varphi = \varphi_P\end{aligned} \tag{3.44}$$

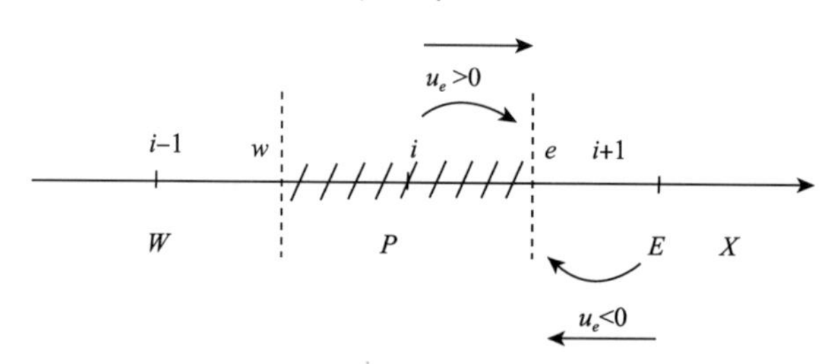

图 3-2　一阶迎风格式示意图

(2)乘方格式

乘方离散格式是用一维稳态无源对流扩散方程的精确解来插值变量 φ 在表面处的值。对流扩散方程为：

$$\frac{\partial}{\partial x}(\rho u \varphi) = \frac{\partial}{\partial x}\left(\Gamma \frac{\partial \varphi}{\partial x}\right) \tag{3.45}$$

其中，Γ 和 ρu 是通过间隔 δx 的常值。积分以上方程可得如下 φ 随 x 的变化关系：

$$\frac{\varphi(x)-\varphi_0}{\varphi_L-\varphi_0}=\frac{\exp\left(Pe\dfrac{x}{L}\right)-1}{\exp(Pe)-1} \tag{3.46}$$

式中：$\varphi_0=\varphi|_{x=0}$，$\varphi_L=\varphi|_{x=L}$；Pe 是网格 Peclet 数，$Pe=\dfrac{\rho uL}{\Gamma}$。

图 3-3 为不同 Peclet 数下 $\varphi(x)$在 $x=0$ 和 $x=L$ 之间的变化关系。可见，对于较大的 Pe，φ 在 $x=L/2$ 处的值近似等于迎风值；当 $Pe=0$（无流动或者纯扩散）时，φ 可以用 $x=0$ 到 $x=L$ 之间简单的线性平均来实现插值；当 Peclet 数的值适中时，φ 在 $x=L/2$ 处的插值使用与方程式(3.46)等价的形式得到。

式(3.45)的离散方程可表示为 $\alpha_P\varphi_p=\alpha_E\varphi_E+\alpha_W\varphi_W$，由于系数 α_P 与 α_E、α_W 之间的内在联系，可通过定义 α_E、α_W 的表达式来表示对流—扩散方程的离散格式。因此，乘方插值格式通过定义 α_E/D_e 表达式给出：

$$\frac{\alpha_E}{D_e}=\begin{cases}0, P_{\Delta e}>10\\(1-0.1P_{\Delta e})^5, 0\leqslant P_{\Delta e}\leqslant 10\\(1-0.1P_{\Delta e})^5-P_{\Delta e}, -10\leqslant P_{\Delta e}\leqslant 0\\-P_{\Delta e}, P_{\Delta e}<-10\end{cases}$$

其紧凑表达式为：

$$\frac{\alpha_E}{D_e}=[|0,(1-0.1|P_{\Delta e}|)^5|]+[|0,-P_{\Delta e}|] \tag{3.47}$$

式中：α_E 表示 E 点对 P 点作用的影响系数；$D_e=\dfrac{\Gamma_e}{(\delta x)_e}$，表示 E 界面上单位面积扩散阻力的倒数；$P_{\Delta e}$表示 E 界面上的网张 Pe 数，$P_{\Delta e}=\dfrac{F_e}{D_e}=\dfrac{(\rho u\delta x)_e}{\Gamma_e}$；符号[|　|]表示取各量中之最大值。

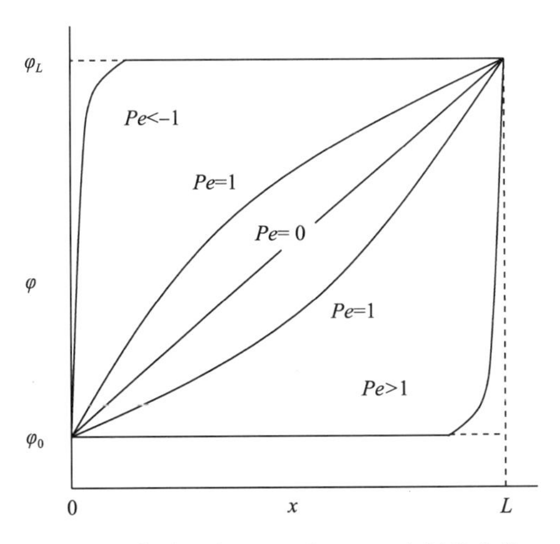

图 3-3　变量 φ 在 $x=0$ 和 $x=L$ 之间的变化

(3)二阶迎风格式

为了克服一阶迎风格式精度较低的缺点，可采用二阶迎风格式。它使用多维线性重建方法来计算单元表面处的值，即通过 Taylor 展开法来实现单元表面的二阶精度计算格式。用下面的方程来计算表面值 φ_f。

$$\varphi_f = \varphi + \nabla\varphi \cdot \Delta \boldsymbol{s} \tag{3.48}$$

式中：φ 和 φ_f 分别是单元中心的变量值和迎风单元的变量梯度值，$\Delta \boldsymbol{s}$ 是从迎风单元中心到表面中心的位移矢量。此时，还需要确定每个单元内的梯度$\nabla\varphi$。采用散度定理来计算，其离散格式如下：

$$\nabla\varphi = \frac{1}{V}\sum_{f}^{N_{faces}} \bar{\varphi}_f \boldsymbol{A} \tag{3.49}$$

而表面处的 $\bar{\varphi}_f$ 值由邻近表面两个单元 φ_f 的平均值来计算。当对流项采用二阶迎风格式、扩散项采用中心差分格式时，此时离散方程具有二阶精度的截断误差。且从控制容积积分法得出的二阶迎风格式具有守恒特性。

(4)QUICK 格式

对流项的二次迎风插值格式(QUICK)具有三阶精度，它通过提高界面上插值函数的阶数来提高格式的精度。QUICK 类型的格式是通过变量的二阶迎风与中心插值加上适当的加权因子得到的，其具体形式为：

$$\varphi_e = \theta\left[\frac{S_d}{S_c + S_d}\varphi_P + \frac{S_d}{S_c + S_d}\varphi_E\right] + (1-\theta)\left[\frac{2S_u + S_c}{S_u + S_c}\varphi_P - \frac{S_c}{S_u + S_c}\varphi_W\right] \tag{3.50}$$

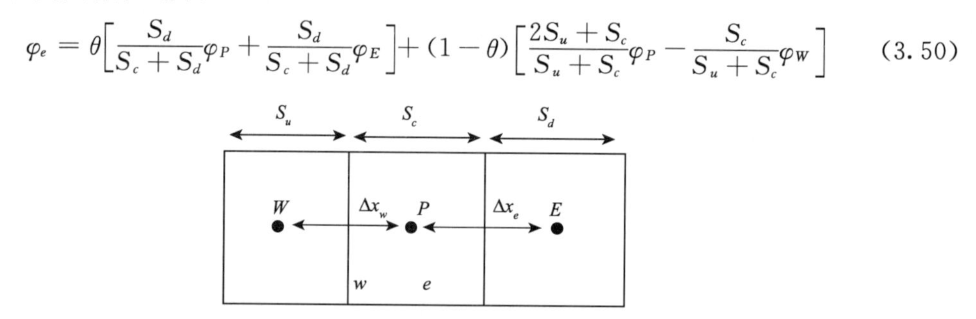

图 3-4　QUICK 格式应用于一维控制容积示意图

在式(3.50)中，当 $\theta=1$ 时，该格式变为中心二阶插值格式，当 $\theta=0$ 时，变为二阶迎风格式。传统的 QUICK 格式对应的 $\theta=1/8$。

3.3.2　离散方程的求解

求解室内不可压缩空气流动离散方程组，存在的主要问题有：一是动量方程中压力导数项的离散，采用常规的网格及中心差分来离散压力梯度项时，动量方程的离散形式可能无法检测出不合理的压力分布；二是压力一阶导数以源项的形式出现在动量方程中。采用分离式求解各变量的离散方程时，由于压力没有独立的方程，需要设计专门的方法，以使在迭代求解过程中压力值能不断地得到改进。第一个问题的解决可借助采用交错网格系统来离散动量方程，第二个问题则是采用压力修正方法求解离散方程，通常采用 SIMPLE 系列算法进行求解。

3.3.2.1　SIMPLE 算法

Patankar 与 Spalding 提出采用压力耦合方程的半隐式方法(SIMPLE 算法)求解不可压缩流体的流动问题，该方法基于交错网格系统，在耦合速度场与压力场方面取得了巨大成功，在室内空气流动的模拟计算中应用广泛。

该算法的基本思想是：对于给定的压力场(假定的或上一层次的计算所确定的)，按次序求解每个速度分量的代数方程。为了能满足连续性方程，须对给定的压力场进行修正，基本原则是与改进后的压力场相对应的速度场能满足这一迭代层次上的连续性方程。据此导出压力的修正值与速度的修正值，并用修正后的压力与速度开始下一层次的迭代计算。如此反复，直到获得收敛的解。SIMPLE 算法计算步骤如下：

（1）假定一个速度分布，记为 u_0，v_0，w_0，以此计算动量离散方程中的系数及常数项；

（2）假定一个压力场 p^*；

（3）依次求解动量方程，得 u^*，v^*，w^*；

（4）求解压力修正值方程，得 p'；

（5）以 p' 改进速度值；

（6）利用改进后的速度场求解那些通过源项物性等与速度场耦合的变量 φ，如果 φ 并不影响流场，则应在速度场收敛后再求解；

（7）利用改进后的速度场重新计算动量离散方程的系数，并用改进后的压力场作为下一层次迭代计算的初值，重复上述步骤，直到获得收敛的解。

在室内空气流动计算中，SIMPLE 算法实现过程如图 3-5 所示。在 SIMPLE 算法中，速度场 u_0，v_0，w_0 的假设与 p^* 的假设是各自独立进行的，两者无任何联系。推导速度修正值计算式时没有考虑相邻点速度修正值的影响；采用线性化的动量离散方程，在一个层次的计算中，动量离散方程中的各个系数及源项假定均为定值。这些简化处理方式影响了速度场与压力场之间的协调和同步发展，因而会影响收敛速度。计算实施过程中，常需要对速度与压力的修正值作亚松弛处理。

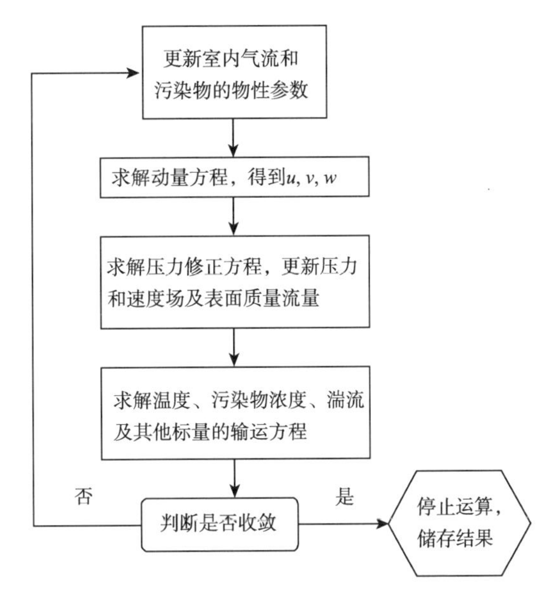

图 3-5　SIMPLE 算法实现过程示意图

3.3.2.2　代数方程组的求解方法

对代数方程的求解可分为直接解法和迭代法两大类。而前者对未知数个数和计算节点较多的多维问题，计算量较大，而且对非线性代数方程组的数值计算也是不经济的。因而，无论是线性物理问题的代数方程组，还是非线性问题每一迭代层次上所形成的线性代数方程组，一般采用迭代法求解。

对代数方程组的迭代求解涉及迭代方式的构造、迭代序列的收敛和加速收敛等问题。线性代数方程的迭代解法采用迭代法、块迭代法、交替方向迭代法及强隐迭代法等。其中，逐次超松弛/逐次亚松弛（SOR/SUR）迭代和交替方向隐式迭代法（ADI 方法）是最具普适性的两种方法。为加速迭代的收敛过程，可采用增加在迭代求解过程中隐式直接求解的分量。此外，采用块修正技术、多重网格技术、亚松弛等方法都能加速迭代收敛。

3.3.3　网格划分方法

针对室内结构的复杂性，以及流动参数的非均匀性，选择模拟计算时的网格划分方法。基本原则是：能用结构网格时，尽量采取结构网格划分方法；如果空间结构复杂难以划分结构网格，可选择划分非结构网格；对于参数变化较大的流动区域，可以采用局部网格加密技术。

3.3.3.1　结构网格（structured meshes）

结构网格的特点是：网格的建立是在网格（坐标）线、网格坐标面的基础上，即异族网格面相交形成网格线，而异族网格线相交形成网格节点。它是通过特定的坐标变换关系，将物理求解空间中的特定求解域及特定的网格划分，映射到计算空间中的某一特定的规则求解域，以及在该域内的正交、均匀的网格划分，在此映射关系中，物理边界必须全部映射到计算域的边界上。

3.3.3.2　非结构网格（unstructured meshes）

由于结构化网格对离散三维复杂物形存在一定的困难。近年来，非结构网格得到迅速发展，它具有优越的几何灵活性，不仅可以对复杂外形进行有效的描述与离散，而且对任意外形具有良好的普适性。不仅如此，其随机的数据结构非常利于进行网格自适应，因而能更好地提高网格的计算效率。

非结构网格的自动生成方法主要有阵面推进法（Delaunay 方法）和四分树/八分树方法。采用阵面推进法生成非结构网格时，要保证非结构网格具有 Delaunay 性质，即四面体单元的外接球内不存在除其四个顶点之外的其他节点。整个网格生成的过程分为如下几步：

(1)复杂外形的定义与描述；

(2)建立矩形结构背景网格及分布相应的网格步长控制参数；

(3)表面三角形网格自动生成；

(4)阵面推进法生成空间四面体网格；

(5)四面体网格的优化。

3.3.3.3　自适应网格（adaptive grid method）

对于非定常问题，网格的划分需要随时间改变，这种计算网格划分随时间（计算过程）而改变的概念称为动网格。其中，由于物理求解域（边界）随时间改变而必须调整网格的划分是一类问题；而另一类更多的则是为了适应物理解的特性，而不得不对网格划分进行调整，后一类问题属于网格的自适应问题。对于第一类问题，可以通过给定初始的边界 $\delta\Omega^0$，并给定边界点的移动速度，从而确定边界网格的变化情况，相应地在每一个时间步上进行网格的重新生成，或进行相应的网格调整。而对于自适应网格，网格的分布密度应该适应物理解的特性，通常在物理参数变化剧烈的地方，应有较密的网格分布，反之，在参数变化较小（梯度较小）的地方，网格的分布可以较稀；但是在没有得到物理解之前，对于其物理特征并不能准确地了解，特别是对于激波的计算问题，激波的位置事先是难以判定的，因此必须采用自适应网格的概念。

3.4　边界条件定义方法

边界条件是求解控制方程组的必要条件。实际应用中包括以下三类边界：自由边界、均匀边界和常规边界。确定边界条件要在数学上满足适定性，在物理上应具有明显的物理意义。

3.4.1　入口边界

送风入口空气入流条件对室内的空气流动影响很大。而实际的送风口几何形状复杂，种类繁多，如条缝形风口、方形散流器、盘形散流器、百叶风口等。目前，对这些送风口的处理方法有基本模型（basic model）、动量方法（momentum method）、盒子方法（box method）、直接模拟等。其中，动量方法具有较好的普适性，应用较广。该方法考虑了影响风口射流的主要因素，确保了入流动量这一影响射流特征的重要物理量与实际一致，并且保持等效射流风口面积和实际风口或散流器的外形一样，保证了射流特征尺度和实际相同，从而射流扩散和射流衰减等特性不会有较大误差。动量方法是将入口动量设置为实际的空气入口动量，即：

$$J_{in} = mV_{in} = m\frac{L}{A_e} = m \cdot \frac{L}{A} \cdot \frac{A}{A_e} = m \cdot \frac{L}{A} \cdot \frac{1}{f} \tag{3.51}$$

式中：J_{in}——实际空气入口动量流量，kg · m/s^2；

m——入口质量流量，kg/s；

V_{in}——实际入流速度，m/s；

L——实际入流风量，m^3/s；

A_e——风口有效面积，m^2；

A——风口外形总面积，m^2；

f——风口有效面积和外形总面积之比，称为有效面积系数。

风口形状较为简单时，可采用基本模型的方法，送风口采用平均速度出口条件。入口截面参量定义为：

①气流速度 V_{in} 可由外部输入（给定）；

②气流温度 T_{in} 为外部输入（给定）；

③污染物浓度 C_{in} 为外部输入（给定）；

④入口截面的 k 值（入口脉动动能）可取为来流平均动能的 0.5%～1.5%，即：

$$k = (0.5 - 1.5)\% \times 0.5mv_0^2 \tag{3.52}$$

⑤入口截面上的 ε 值可按下式计算。

$$\varepsilon = C_D\frac{k^{1.5}}{l} = C_\mu^{0.75}\frac{k^{1.5}}{\kappa y_p} = 0.09^{0.75}\frac{k^{1.5}}{\kappa y_p} \tag{3.53}$$

式中：κ 为冯 · 卡门常数，κ=0.42；y_p 为远离壁面的距离。常见的散流器及其入口边界条件的定义方法如表 3-1 所示。

采用盒子模型法将散流器或风口出口处的入流参数转换为包围它的一个方形盒子的边界参数。对三维情况，风口用一个长方体包围；二维情况用一矩形包围风口，如图 3-6 所示。盒子（长方体或矩形）中平行于风口入流面上的各参数通过测量或由风口射流特性公式得出，其他面上的参数作平行流处理，即各变量在该面法向上梯度为零。

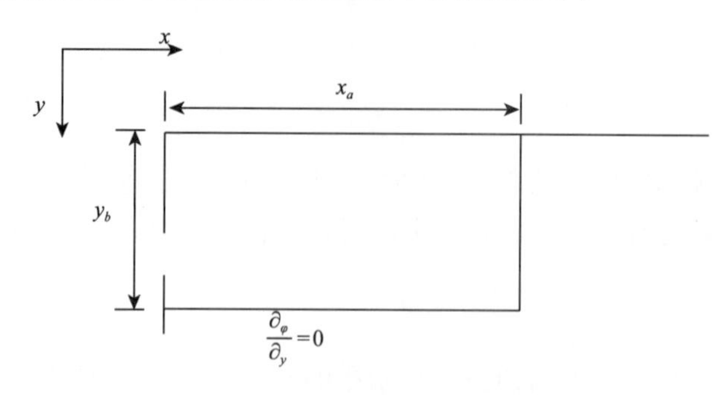

图 3-6　盒子模型方法示意图

表 3-1　常见风口的定义方法

序号	名称	形状	推荐风口模型
1	旋流风口(vortex diffuser)		动量模型
2	圆盘散流器(valve diffuser)	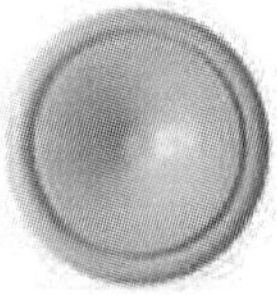	盒子模型
3	圆形散流器(round ceiling diffuser)		动量模型
4	方形散流器(square ceiling diffuser)		动量模型
5	条缝型风口(slot/linear diffuser)	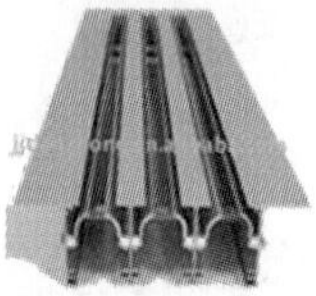	盒子模型
6	双层百叶风口(grille diffuser)	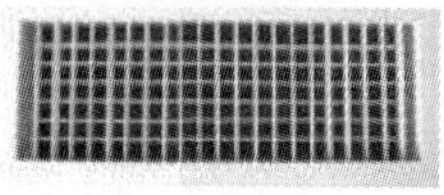	动量模型

续表

序号	名称	形状	推荐风口模型
7	孔板风口(nozzle diffuser)		盒子模型
8	置换风口(displacement diffuser)		动量模型

3.4.2　出口边界

在流动出口的边界上(即流体离开计算域的地方),流动标量 φ 的值通常是未知的。除非采用实验方法加以测定,否则无法知道出口截面上的流动信息。常规处理方法是采用局部单向化假定、充分发展的假定及法向速度局部质量守恒与切向速度奇次 Neumann 条件。其中,广泛采用坐标局部单向化方法处理出口边界问题,假定出口截面上的节点对第一个内节点几无影响,即出口截面附近没有回流,因而可以令边界节点对内节点的影响系数为零。这样出口截面上的信息对内部节点的计算就不起作用,也就无须知道出口边界上的值了。当出口有回流的情况,可作自由边界处理,这时压力通常作为已知条件给出,对其他参数假设表面法向梯度为零。

$$P = P_{return}, \frac{\partial V_i}{\partial x_i} = 0, \frac{\partial T}{\partial x_i} = 0, \frac{\partial C}{\partial x_i} = 0 \tag{3.54}$$

式中:P_{return} 是回流点表面法向的压力。

3.4.3　固体壁面

在假定黏性底层外速度与温度服从对数分布律的条件下,采用高 Reynolds 数的 k-ε 模型及壁面函数法时的边界条件(固体壁面的边界条件)为:

(1)无滑移壁面条件。与壁面平行的流速 u 在壁面上 $u_w=0$,但黏性系数可按:$\mu_t=\mu y_P^+/u_P^+$ 计算(μ 为分子黏性系数),在计算过程中若 P 点落在壁面黏性底层范围内,则仍暂取分子黏性系数值。

(2)无穿透条件。与壁面垂直的速度 v,取 $v_w=0$,由于在壁面附近,$\partial u/\partial x\cong 0$,根据连续性方程,有 $\partial v/\partial y\cong 0$,于是可以把固体壁面看成是"绝热型"的,即令壁面上与 v 相应的扩散系数为零。

(3)湍流脉动动能,可取:$(\partial k/\partial v)_W\cong 0$,所以壁面上 k 的扩散系数为零。

(4)湍流耗散率,可规定第一个内节点上的 ε 值,按照 $\varepsilon=C_\mu^{0.75}k^{1.5}/(\kappa y_p)$ 计算。

(5)温度。边界上温度可按定壁温或定热流计算,而壁面上的当量导热系数可按式(3.39)计算。

3.4.4 热源

室内通常存在设备、太阳辐射及人员等热源，当考虑热效应时，温度通常呈层状分布；在热源表面上方气流在热浮力的作用下具有明显的上升趋势，形成对周围空气的卷吸作用。通常用 Gr/Re^2 值的大小来确定是否应该考虑热浮力对流动的影响，当该值接近或大于 1 时，热浮力效应是不可忽略的。

热源的定义可采用指定温度、指定热流量和定义外部辐射等方法，前两种方法相对简单，较为常用，实际模拟计算时还可根据具体情况，将热源定义为与时间 t 或者位置坐标相关的线性函数或分段函数表达形式。当透明材料构成室内围护结构时，须考虑外部传热对内部空气流动的影响，其过程包括辐射换热、导热和对流换热三部分。在对壁面进行网格划分后，对于第 i 个网格内壁面，可建立如下的热平衡方程式：

$$q_i^{cd} + \alpha_i (T_i^{air} - T_i) + \sum_{i=1}^{n} \sigma \varepsilon_i^j \varphi_i^j \left[\left(\frac{T_j}{100} \right)^4 - \left(\frac{T_i}{100} \right)^4 \right] + q_i^{r_2} + q_i^{r_3} = 0 \tag{3.55}$$

式中：q_i^{cd}——i 网格从外界得到的导热传热量，$\mathrm{W/m^2}$；

α_i——与 i 网格相邻室内空气网格的对流换热系数，$\mathrm{W/m^2 \cdot K}$；

T_i^{air}——与 i 网格相邻室内空气网格的温度，K；

σ——黑体辐射常数，5.67 $\mathrm{W/m^2 \cdot K^4}$；

ε_i^j——第 i 网格与第 j 网格内表面间的系统黑度，$\varepsilon_i^j = \varepsilon_i \cdot \varepsilon_j$；

φ_i^j——围护结构内表面第 i 网格对围护结构第 j 网格的辐射角系数；

q_i^{r2}——i 壁面网格接受的室内热源辐射量，$\mathrm{W/m^2}$；

q_i^{r3}——i 壁面网格接受的太阳辐射及大气长波辐射量，$\mathrm{W/m^2}$。

通过耦合迭代计算，可得到壁面温度和速度场的分布。

第 4 章　室内核生化危害模拟中的特殊问题

4.1　释放源的处理方法

针对有毒有害核生化物质的形态和在室内的释放方式，应采用不同的释放源数值模型处理方法。如布洒液态有毒物质，可采用闪蒸、自然蒸发及泄漏等模型；爆炸释放方式可采用爆炸释放源模型。

针对室内的毒物释放方式主要有利用各种气溶胶发生器的气溶胶化释放、采用爆炸装置的爆炸释放和不采用外部动力装置的被动式释放等三种基本的释放方式(图 4-1)。这些释放方式特点各异，爆炸释放的方式通常会引起周围人员的警觉，为室内人员提供了足够的疏散时间；被动式的释放虽不易察觉，但常需要较长时间才会奏效，主要取决于毒物的挥发性及泼洒或布撒方式。如奥姆真理教针对地铁的沙林袭击事件中，通过被动泼洒的方式造成了数百人中毒和十余人死亡。

利用炸弹散布毒物的驱动机制有爆炸、压缩气体两种方式。针对建筑物的核生化恐怖袭击很可能是采用爆炸的方式来散布毒剂。

气溶胶化释放可能是建筑物内最危险的核生化恐怖袭击方式，因为这种方式能够使毒物迅速地散布于整栋建筑，并且不易被察觉。几乎所有微生物病毒、毒素和化学毒剂都可以通过气溶胶化的方式来释放。液态的化学毒剂可以形成毒剂气溶胶，气态的化学毒剂可以从压缩容器直接释放到空气中，粉末状的毒素或者毒素溶液可以通过气溶胶发生器形成毒素气溶胶。

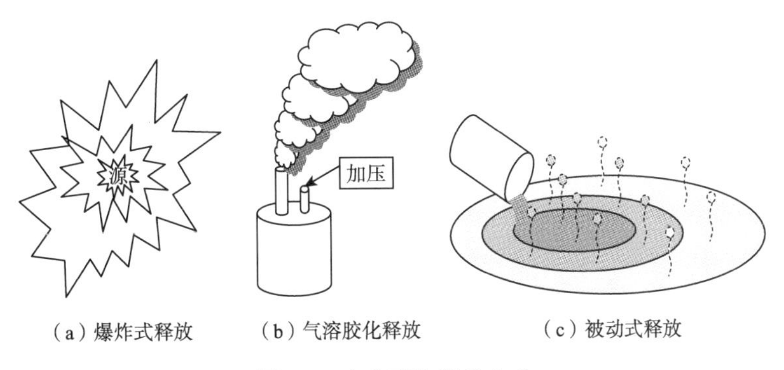

图 4-1　室内毒物释放方式

4.1.1　闪蒸模型

当过热有毒液体泄漏在十分光滑的表面，液体厚度不大于 5 mm 时，瞬间汽化现象称为闪蒸。根据 TNO(1979)，此时液池的面积 S 为：

$$S = \frac{m}{0.005\rho_1} \tag{4.1}$$

液池的半径 r 为：

$$r = \sqrt{\frac{S}{\pi}} \tag{4.2}$$

闪蒸量的估算，可按下式计算。

$$Q_1 = F \cdot W_T / t_1 \tag{4.3}$$

式中：Q_1——闪蒸量，kg/s；

W_T——液体泄漏总量，kg；

t_1——闪蒸蒸发时间；

F——蒸发的液体占液体总量的比例，按下式计算：

$$F = C_p \frac{T_L - T_b}{H} \tag{4.4}$$

式中：C_p——液体的定压比热容，J/(kg · K)；

T_L——泄漏前液体的温度，K；

T_b——液体在常压下的沸点，K；

H——液体的气化热，J/kg。

4.1.2 自然蒸发模型

当液体非过热，而是在地面形成液池时，液体吸收地面热量而气化称为热量蒸发；由液池表面气体运动使液体蒸发，称之为质量蒸发。热量蒸发速度 Q_2 按下式计算。

$$Q_2 = \frac{\lambda_s S(T_a - T_b)}{H_{wp}\sqrt{\pi \cdot a_s \cdot t_2}} \tag{4.5}$$

式中：Q_2——热量蒸发速度，kg/s；

λ_s——导热系数，W/m · K(见表 4-1)；

H_{wp}——液体气化热，J/kg；

S——液池面积，m^2；

T_a——外界温度，K；

T_b——液体沸点，K；

a_s——热扩散系数，m^2/s(见表 4-1)

t_2——蒸发时间，s。

表 4-1　热传导性质

地面	λ_s(W/m · K)	a_s(m^2/s)
水泥	1.1	1.29×10^{-7}
土地(8%水)	0.9	4.3×10^{-7}
干涸土地	0.3	2.3×10^{-7}
湿地	0.6	3.3×10^{-7}
沙砾地	2.5	11.0×10^{-7}

质量蒸发速度 Q_3 按下式计算。

$$Q_3 = a\frac{p_sM}{RT_a} \cdot u^{\frac{2-n}{2+n}} \cdot r^{\frac{4+n}{2+n}} \tag{4.6}$$

式中：Q_3——质量蒸发速度，kg/s；

p_s——液体饱和蒸汽压，N/m^2；

T_a——外界温度，K；

u——风速，m/s；

R——气体常数，8.314 J/mol·K；

n、a——大气稳定度参数(见表 4-2)；

r——液体池的半径，m。

表 4-2　液体池蒸发模式参数

稳定度	n	a
不稳定(A,B,C)	0.2	3.846×10^{-3}
中性(D)	0.25	4.685×10^{-3}
稳定(E,F)	0.3	5.285×10^{-3}

4.1.3　爆炸模型

对于爆炸施放源，忽略爆炸冲击波对流场的影响(一般爆炸装药较少，主要为分散有毒物质)，故可将爆炸源假设为瞬时体源。用 Church 公式：

$$L = 30\sqrt[3]{w} \tag{4.7}$$

式中：L——云团直径，m；

w——TNT 炸药量，kg，其他化合物可根据燃烧热比例进行近似转换为 TNT 量。

4.1.4　泄漏模型

泄漏源分为液体泄漏和气体泄漏。液体泄漏速率 Q_L 用伯努利方程计算：

$$Q_L = C_dA_r\rho_1\sqrt{\frac{2(p_l - p_a)}{\rho_l} + 2gh} \tag{4.8}$$

式中：Q_L——液体泄漏速度，kg/s；

C_d——液体泄漏系数，取 0.6～0.64；

A_r——裂口面积，m^2；

p_l——容器内介质压力，N/m^2，Pa；

p_a——外界压力，N/m^2，Pa；标准大气压为 101325 Pa；

ρ_l——液体密度，kg/m^3；

g——重力加速度；

h——液体在排放点以上的高度，m。

泄漏的液体如果是过热的，就会急骤蒸发，蒸发的液体比值为 F(见式(4.4))如果 $F_{vap}>1$，液体在达到大气温度前完成蒸发，产生一个喷雾或蒸汽云，温度也许在 T_b 以上。

如果是气体泄漏，首先要判断气体流动性质，属于临界流还是次临界流。气体流动速度属音速(临界流)流动时：

$$p_a \leqslant p_l\left(\frac{2}{r+1}\right)^{\frac{r}{r-1}} \tag{4.9}$$

气体流动速度属亚音速(次临界流)流动时：

$$p_a > p_l\left(\frac{2}{r+1}\right)^{\frac{r}{r-1}} \tag{4.10}$$

式中：p_l——容器内介质压力，N/m^2，Pa；

p_a——环境压力，N/m^2，Pa；

r——气体的比热容之比，也叫绝热指数，$r=\frac{C_p}{C_v}$，r 在 1.1～1.4 之间。

气体泄漏流量：

$$Q = Y \cdot C_d \cdot A_r \cdot p_l\sqrt{\frac{M \cdot r}{R \cdot T_l}\left(\frac{2}{r+1}\right)^{\frac{r+1}{r-1}}} \tag{4.11}$$

式中：C_d——气体泄漏系数，当裂口形状为圆形时取 1.00，三角形时取 0.95，长方形时取 0.9；

A_r——裂口面积，m^2；

M——分子量；

Y——与流动性质有关的系数。

对于超临界流量：

$$Y = 1.0 \tag{4.12}$$

对于次临界流量：

$$Y = \left(\frac{p_a}{p_l}\right)^{\frac{1}{r}}\left[1-\left(\frac{p_a}{p_l}\right)^{\frac{r-1}{r}}\right]^{\frac{1}{2}}\left[\left(\frac{2}{r-1}\right)\cdot\left(\frac{r+1}{2}\right)^{\frac{r+1}{r-1}}\right]^{\frac{1}{2}} \tag{4.13}$$

式中：R——气体常数，8.314 J/(mol·K)；

C_p——定压比热，J/(mol·K)(注意：后面物质性质表中的比热容单位是 kJ/kg·K)；

C_v——定容比热，J/(mol·K)，$C_v=C_p-R$。

4.2 核生化危害评价模型

化、生、放射性有毒物质对人员的危害效应取决于这种毒物对人体作用的剂量水平和毒性(或致病性)两方面因素。毒物的致病性或毒性越大，引起某种毒害反应所需的剂量就越小，反之亦然。在有限时段内，毒物的危害效应并不能仅仅通过浓度阈值来确定，而是要综合毒物的浓度、人员的暴露时间和暴露方式等多种因素。

4.2.1 化学危害评价模型

化学有毒物质的毒害剂量是指侵入机体的化学毒剂的总量。在实际应用中，通常根据化学毒剂侵入机体的途径，将化学毒剂的剂量划分为吸入剂量、食入剂量和注射剂量等。在室内人员暴露剂量主要考虑吸入剂量。

毒害剂量的计算，以非稳态浓度场对暴露时间进行数值积分，获得化学毒剂的毒害剂量。从 T_0 开始计时，T 时刻毒害剂量由下式计算。

$$L_{ct} = \int_{T_0}^{T} C\mathrm{d}t \approx \sum_{i=0}^{n} C_i \Delta t_i \tag{4.14}$$

式中：L_{ct}——毒害剂量，g·s/m³；

C——t 时刻对应的浓度，g/m³；

i——代表第 i 时间步；

C_i——第 i 时间步所对应的毒剂浓度，g/m³；

Δt_i——第 i 时间步所对应的时间步长，s。

采用式(4.14)可计算获得任意时刻人员暴露的毒害剂量，即可获得整个空间的剂量场分布。对于不同化学物质，对应的毒害剂量标准各不相同，常见化学有毒物质的半致死剂量 Lct_{50}、半伤害剂量 Ict_{50}、允许剂量 D_p 近似推荐值参见表 4-3。

表 4-3　毒害剂量级(g·s/m³)

序号	物质名称	Lct_{50}	Ict_{50}	D_p
1	维埃克斯	2.4	1.2	0.12
2	梭曼	4.2	2.1	0.21
3	沙林	6	3	0.24
4	丙烯醛	13.8	6.9	0.69
5	二异氰酸甲苯酯	77	40	4
6	芥子气	90	12	1.5
7	氢氰酸	115	57	0.57
8	光气	190	960	10
9	硫酸二甲酯	190	100	10
10	氟化氢	380	190	19
11	溴甲烷	380	190	19
12	氯	480	190	19
13	丙烯腈	770	380	38
14	氮氧化物(NO_X)	800	400	40
15	甲醛	1150	580	58
16	一氧化碳	1740	870	87
17	一甲胺	1900	960	96
18	二硫化碳	3800	1900	190
19	二甲胺	3834	1920	190
20	硫化氢	3834	1900	190
21	二氧化硫	5760	2900	290
22	氯化氢	5800	2900	290
23	氨	11400	5800	580
24	氯乙烯	11500	5800	580
25	苯乙烯	15400	7700	770
26	苯	15400	7700	770
27	甲醇	19200	9600	960
28	甲苯	38400	19200	1920
29	氯化氰	57.5	28.5	0.285
30	硝基苯	2880	1440	144

物理评估中所需物理常数有:沸点、密度、燃烧热、气化热、比热容(等压比热容)等,常见有毒化学物质的物理常数如表 4-4 所示。

表 4-4 物理常数表

序号	物质名称	密度(kg/m³)		比热容(kJ/kg. K)	沸点(℃)	汽化热(kJ/kg)	临界温度(℃)	分子量
		气态	液态					
1	维埃克斯	10.76	1010	1.38	300	373.97	(911)①	267.4
2	梭曼	7.40	1013	1.38	167.7	339.49	688.5	182.04
3	沙林	5.68	1098	1.38	152	401.43	664	140
4	丙烯醛	2.27	841	2.18	52.5	506.15	506.15	56.06
5	二异氰酸甲苯酯	7.01	1220	(1.4)②	250	(340)	(817)	174.15
6	芥子气	6.31	1270	1.38	217	2407	(764)	159.08
7	氢氰酸	1.09	680	3.9	25.75	948.6	183.5	27
8	光气	3.97	1380	1.02	8.1	251.47	182	98.9
9	硫酸二甲酯	5.09	1332	(1.4)	188.5	(410)	(719)	126.14
10	氟化氢	1.48	1000	1.45	19.51	334.55	(468)	20.01
11	溴甲烷	3.82	1732	0.92	4.6	244.02	464	94.95
12	氯	2.90	1470	0.48	−34.05	252.8	(383)	70.9
13	丙烯腈	2.22	800	2.27	77.3	680.9	536.15	53.06
14	氮氧化物(NO_X)	3.74	1450	(0.9)	−9.3	152.14	(422)	46.01
15	甲醛	1.25	815	1.18	−19.5	777	408.15	30
16	一氧化碳	1.13	790	(1.04)	−191.5	216	(134)	28
17	一甲胺	1.25	699	3.56	−6.3	783.6	430.05	31.06
18	二硫化碳	3.09	1263	(1.18)	46.2	356.1	(510)	76.13
19	二甲胺	1.81	680	3.98	7.4	569	437.65	45.08
20	硫化氢	1.80	1190	1.45	−85.5	550	(302)	34
21	二氧化硫	2.64	1434	0.62	−10	374.6	(421)	64.07
22	氯化氢	1.48	1187	0.80	84.9	255.34	(571)	36.5
23	氨	0.70	817	1.95	−33.4	1242.3	(384)	17.04
24	氯乙烯	2.51	912	0.86	−13.9	298.1	429.65	62.5
25	苯乙烯	4.21	906	1.18	146	413.9	647.15	104.14
26	苯	3.24	879	1.716	80.1	434.08	562.35	78.1
27	甲醇	1.30	787	1.375	64.7	1191.2	512.55	32.0
28	甲苯	3.67	866	1.71	110.6	413.1	591.85	92.1
29	氯化氰	2.31	1220	0.175	13.1	435.7	(457)	61.47
30	硝基苯	4.97	1200	1.45	210.9	414.1	718.45	123.11

注:①本列中括号内的值根据 $y=436.7+1.58t_{沸}$ 估算;

②本列中括号内的值为估计值。

4.2.2 生物危害评估模型

微生物病原体在室内可随气流运动,通过人员呼吸道引发感染,常见呼吸道感染微生物病原体见表 4-5。微生物气溶胶颗粒物除了要遵循一般气溶胶粒子扩散规律外,还必须考虑微生物本身的衰亡。影响微生物气溶胶衰亡的主要因素有微生物的种、株、生理龄期、悬浮介质(或载体)的成分及环境条件等。

表 4-5　致病微生物及生物毒素的特性

微生物种类	形状	呼吸道半数感染剂量	致病性	病原体存活时间
炭疽芽孢杆菌	(1～1.5)μm×(5～8)μm	0.8 万～5 万个芽孢	皮肤炭疽占所有感染的 95%，不治疗死亡率 10%～20%	很稳定，土壤中可存活 40 年以上
鼠疫耶尔森菌	杆状，长 1.0～2.0 μm	1000～2000 个菌	不治疗死亡率 50%	土壤 1 年以上，活组织中 270 天
布鲁氏菌	(0.5～0.7)μm×(0.5～1.5)μm	10～100 个菌	不治疗死亡率 5%	很稳定
土拉弗朗西斯菌	0.5 μm×1 μm	10～50 个菌	不治疗死亡率 60%	潮湿土壤存活数月
类鼻疽伯克霍尔德菌	(1.2～2.0)μm×(0.4～0.5)μm	10～100 个菌	病死率大于 50%	很稳定
霍乱弧菌	(1.5～3)μm×(0.2～0.4)μm	人群普遍易感	重症未治疗死亡率 50%，治疗死亡率低于 1%	污水中 24 h，抗冻 3～4 天
天花病毒	300 nm × 240 nm × 100 nm	10～100 个	免疫者死亡率 3%，未免疫者死亡率 30%	很稳定
马脑炎病毒	球形	10～100 个	病死率 50%～70%	相对不稳定
出血热病毒	80～120 nm	1～10 个	病死率大于 50%	相对不稳定
SARS 冠状病毒	80～120 nm	普遍易感	病死率 9.3%	自来水中 2 天，37℃可存活 4 天
黄热病毒	直径 65 nm	10^4 $CELD_{50}$	重症死亡率 20%～50%	很稳定
拉沙病毒	70～150 nm	普遍易感	死亡率 36%～67%	稳定
高致病性禽流感病毒(H5N1 亚型)	80～120 nm	感染剂量不清楚	H5N1 感染者病情严重短期死亡	低温、干燥或甘油中存活数月或 1 年以上
甲型 H1N1 流感病毒	80～120 nm	普遍易感	病死率 6.77%	56℃下 30 min 灭活
Q 热立克次体	0.3 μm×1 μm	1～100 个	不治疗病死率小于 1%	沙地中存活数天
普氏立克次体	0.3 μm×0.6 μm	吸入 1 个可发生感染	突然发病	稳定
立氏立克次体	(0.3～0.6)μm×(1.2～2.0)μm	5000 $CELD_{50}$	病死率 20%～90%	相对不稳定
肉毒毒素	7 型(A～G)	A 型 LD_{50} = 0.001 μg/kg	吸入 3～36 h 发病	可存活数周
葡萄球菌肠毒素	B 型分子量 28000	0.003 μg/人，失能 1.7 μg/人	致死性小于 1%	抗冻
蓖麻毒素	分子量 64000	小鼠气溶胶 LD_{50} = 0.1 μg/kg	胃肠水肿，10～12 天死亡	稳定

根据一般生物气溶胶衰亡实验结果，综合各种影响因素的总效应，生物气溶胶具有总的生物衰减因子 λ，其规律为：

$$C = C_0 e^{-\lambda t} \tag{4.15}$$

式中：C_0 是初始浓度（cfu/m^3）；C 是经过 t 时间后因生物衰亡而剩余的生物气溶胶浓度；λ 可经实验测定。因此，人员吸入生物气溶胶的剂量由下式计算。

$$L_{ct} = \int_0^T QCe^{-\lambda t}\mathrm{d}t \approx \sum_{i=0}^{n} QC_i e^{\lambda t_i}\Delta t_i \tag{4.16}$$

式中：Q 为人员的呼吸率，单位为 m^3/s。对于生物毒素，可用式(4.14)进行计算。

4.2.3　放射性危害评估模型

放射性颗粒物在室内随气流运动，利用颗粒物模拟模型，可以计算出放射性颗粒物在室内的浓度分布。瞬时释放源以 Bq 为单位，连续源以 Bq/s 为单位，计算得到的浓度单位为 Bq/m^3。本研究主要考虑早期放射性颗粒物对人员产生的外照射和吸入内照射所引起的预期剂量，即在不采用任何应急防护措施条件下公众所受到的剂量。

外照射根据无限大半球形体源对人的浸没外照射估算放射性颗粒物的外照射剂量。

$$D_C = \left(\sum_i A_{Ci}^t \cdot DF_{Ci}\right) \cdot SF_C \tag{4.17}$$

式中：D_C——放射性颗粒物外照射产生的剂量，Sv；

A_{Ci}^t——核素 i 的时间积分浓度，$Bq \cdot s/m^3$；

DF_{Ci}——核素 i 外照射剂量转换因子，$Sv \cdot m^3/(Bq \cdot s)$，详见表 4-6；

SF_C——外照射屏蔽因子。

放射性气溶胶在空气中扩散，很容易被人体吸入造成内照射，其吸收剂量用下式计算。

$$D_I = \left(\sum_i A_{Ci} \cdot DF_{Ii}\right) \cdot Q \cdot SF_I \tag{4.18}$$

式中：D_I——放射性颗粒物吸入剂量，Sv；

A_{Ci}——核素 i 的时间积分浓度，$Bq \cdot s/m^3$；

DF_{Ii}——核素 i 的吸入剂量转换因子，Sv/Bq，详见表 4-7；

Q——人员的呼吸率，m^3/s；

SF_I——吸入屏蔽因子。

表 4-6　外照射剂量转换因子

放射性核素	DF_C($Sv \cdot m^3/(Bq \cdot s)$)	放射性核素	DF_C($Sv \cdot m^3/(Bq \cdot s)$)
^{41}Ar	7.6×10^{-16}	^{131}I	2.3×10^{-14}
^{85}Kr	3.5×10^{-16}	^{133}Xe	1.5×10^{-15}
^{90}Sr	2.1×10^{-17}	^{137}Cs	3.5×10^{-14}
^{103}Ru	2.1×10^{-14}	^{239}Np	8.3×10^{-15}

表 4-7　内照射剂量转换因子

放射性核素	核素吸收速度类别	剂量转换因子		
		幼儿	少儿	成人
^{90}Sr	F	5.2×10^{-8}	4.1×10^{-8}	2.4×10^{-8}
	M	1.1×10^{-7}	5.1×10^{-8}	3.6×10^{-8}
	S	4.0×10^{-7}	1.8×10^{-7}	1.6×10^{-7}
^{95}Zr	F	1.1×10^{-8}	4.2×10^{-9}	2.5×10^{-9}
	M	1.6×10^{-8}	6.8×10^{-9}	4.8×10^{-9}
	S	1.8×10^{-8}	8.3×10^{-9}	5.9×10^{-9}
^{103}Ru	F	3.0×10^{-9}	9.3×10^{-10}	4.8×10^{-10}
	M	8.4×10^{-9}	3.5×10^{-9}	2.4×10^{-9}
	S	1.0×10^{-8}	4.2×10^{-9}	3.0×10^{-9}
^{131}I	F	3.2×10^{-6}	9.5×10^{-7}	3.9×10^{-7}
	M	2.1×10^{-7}	5.5×10^{-8}	2.2×10^{-8}
	S	1.2×10^{-8}	3.0×10^{-9}	1.1×10^{-9}
^{137}Cs	F	5.4×10^{-9}	3.7×10^{-9}	4.6×10^{-9}
	M	2.9×10^{-8}	1.3×10^{-8}	9.7×10^{-9}
	S	1.0×10^{-7}	4.8×10^{-8}	3.9×10^{-8}
^{140}Ba	F	7.8×10^{-9}	2.4×10^{-9}	1.0×10^{-9}
	M	2.0×10^{-8}	7.6×10^{-9}	5.1×10^{-9}
	S	2.2×10^{-8}	8.6×10^{-9}	5.8×10^{-9}
^{144}Ce	F	2.7×10^{-7}	7.8×10^{-8}	4.0×10^{-8}
	M	1.6×10^{-7}	5.5×10^{-8}	3.6×10^{-8}
	S	1.8×10^{-7}	7.3×10^{-8}	5.3×10^{-8}
^{239}Np	F	1.4×10^{-9}	3.8×10^{-10}	1.7×10^{-10}
	M	4.2×10^{-9}	1.4×10^{-9}	9.3×10^{-10}
	S	4.0×10^{-9}	1.6×10^{-9}	1.0×10^{-9}
^{238}Pu	F	1.9×10^{-4}	1.1×10^{-4}	1.1×10^{-4}
	M	7.4×10^{-5}	4.4×10^{-5}	4.6×10^{-5}
	S	4.0×10^{-5}	1.9×10^{-5}	1.6×10^{-5}

注:①核素吸收速度类别描述放射性核素从肺中的吸收速度,分为 F—快速;M—中速;S—慢速三类;

②表中数值是假设气溶胶粒子的活度中值空气动力学直径为 1 μm 计算的;

③幼儿:0～6 岁,少儿:7～17 岁,成人:18 岁以上。

辐射的确定性效应是一种有阈值的效应,所受剂量若大于阈值,这种效应就会发生,而且其严重程度与所受剂量的大小有关,剂量越大后果越严重,确定性效应的阈值估计详见表 4-8。也就是这种效应的发生概率在小于阈值剂量的情况下为零,而在大于阈值剂量则是陡然上升为 100%,在阈值以上,效应的严重程度也将随剂量的增加而变得严重。

表 4-8　确定性效应的阈值估计

受照射组织或器官	一次或短期时间单次照射阈值(Sv)	确定性效应
睾丸	0.15	暂时不育
	3.5～6.0	永久不育
卵巢	2.5～6.0	永久绝育
眼晶体	0.5～2.0	混浊
	5.0	白内障
甲状腺	10	功能衰退,黏液水肿
肺	5	肺炎(非致死性损伤)
	10	死亡
皮肤	3	红斑及脱毛
骨髓	0.5	造血功能降低
全身吸收剂量/Gy	<0.5	不会出现临床症状,仅有外周血相的轻微变化,染色体畸变可能增高
	0.5～1.0	可能出现头晕、乏力失眠、食欲下降、恶心等轻微症状,淋巴细胞暂时下降
	2.0	上述症状可能加重
	3.0～5.0	30～60 天可能死亡一半(脊髓损伤)
	5.0～15.0	10～20 天死亡(胃肠道及肺损伤)
	>15.0	1～15 天死亡(神经系统损伤)

4.3　模拟技术优化与应用效率研究

为了充分利用计算机资源,提高数值模拟的应用效率,本书研究了以下两种针对实际应用问题的解决途径。

4.3.1　网格与离散格式优化

针对典型混合通风分区模型,考查数值模拟中网格数与离散格式对计算精度的影响。其结构尺寸为 91.4 cm×30.5 cm×45.7 cm(x,y,z),隔板位于房间中央,送风口和排风口尺寸

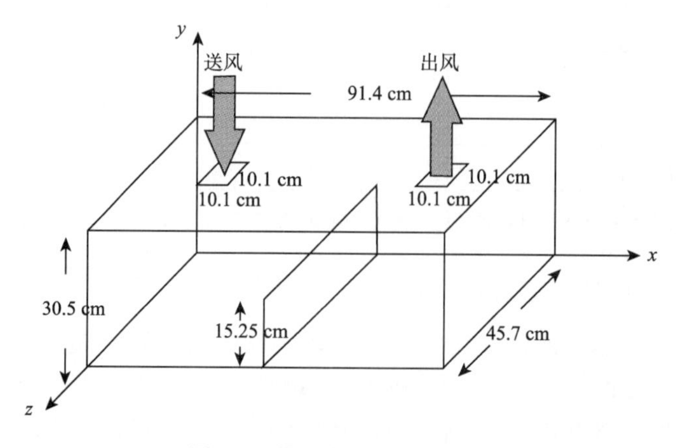

图 4-2　模型房间结构示意图

为 10.1 cm×10.1 cm(x,z),送风速度为 0.235 m/s。

采用 RNG k-ε 模型进行计算,考虑数值求解的网格独立性(grid independent)问题,即当网格数达到一定数量后,增加网格数对模拟计算结果的影响很小,不同网格数对模拟计算结果的影响如图 4-3 所示。可见,当网格数增加到 60×20×30 时,再增加网格数对模拟计算结果的影响已很小,同时考虑到计算量、计算速度等因素,在数值计算中需要选取合适的空间离散步长,但如果需要快速模拟计算时,可以适当增大步长。

控制方程对流项的离散选取直接决定了方程的离散误差,分别选用不同离散格式模拟,结果如图 4-4 所示。虽然一阶迎风格式和 Power Law 格式对流场的计算精度比二阶迎风格式和 QUICK 格式低,但是对右侧排气区的模拟与实验测量结果符合更好。采用一阶迎风格式计算时,因速度方向不能始终保持与网格单元面垂直,从而导致较大数值扩散。而 Power Law 格式的精度略好于一阶迎风格式,其计算结果与实验测量结果相对偏差小于 22%,且计算量又少于二阶精度格式。

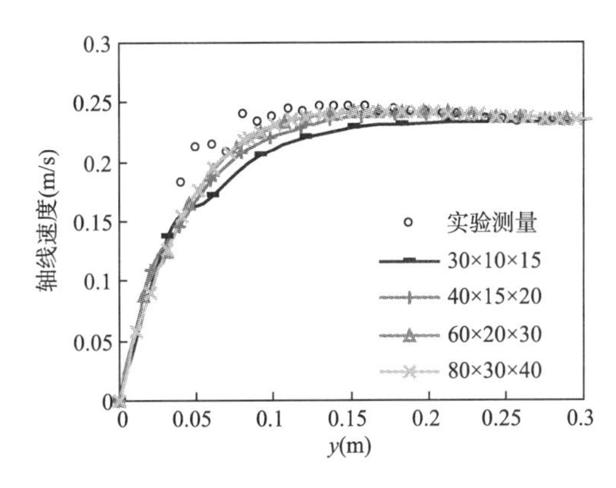

图 4-3　采用不同网格数模拟的送风口轴线速度

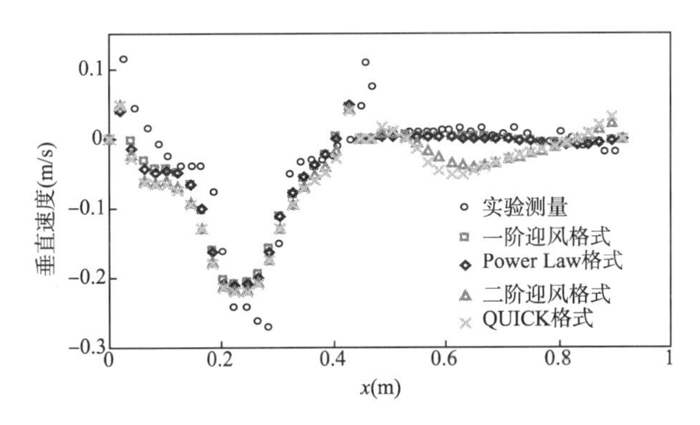

图 4-4　采用不同离散格式模拟的沿隔板中央水平线的垂直速度分量

4.3.2　预处理流场技术

针对重要会场、重大比赛体育场馆、人员密集的商场等特定室内,相关安全保卫和应急救援部门可根据不同时期和多种条件下空调系统的通风运行模式,将每一种通风模式、各种典型的核生化恐怖袭击方式及应急策略逐一进行模拟,并根据模拟结果对应急预案进行分析评估和优化完善。

当某多层复杂室内发生毒物扩散事件，且缺乏对应预案时，应用模拟系统中的多区域快速模拟模型，可对有毒物质扩散过程、最终态势和应急措施的有效性进行应急预测，为决策提供及时的宏观态势数据，赢得宝贵的救援时间。

所谓预处理流场技术是指预先获得流场态势数据，构建流场数据库，在事件发生后，利用模拟系统根据当时通风运行条件，直接调用流场数据，节约运行时间，快速获得模拟结果，与实际释放源相结合进行应急预测。针对室内通风方式已知，而事故源预先无法确定的特点，事先计算各种通风方式下的流场储存备用。临时调用流场数据，根据实际危险源进行预测，由于计算时只需求解浓度方程，在不降低精度的前提下计算速度提高一个数量级，显著提升了应急预测的时效性。

以上方法相结合，充分发挥了计算资源的功能，避免重复计算，显著提高了模拟系统的应用效率。

第 5 章　室内核生化物质扩散模型验证

5.1　实验基础

5.1.1　模型实验原理

模型实验的理论基础是量纲与相似性原理。这里我们通过对室内空气流动和气态物质扩散的控制方程组无量纲化，给出相关无量纲参数，并将这些参数与物理过程联系起来，为室内空气流动和气态物质扩散的模型实验提供理论指导。

5.1.1.1　控制方程的无量纲化

依据量纲和相似性原理，将控制方程组(3.1)～(3.6)无量纲化。首先定义无量纲独立变量为：

$$x^* = x/h_0, y^* = y/h_0, z^* = z/h_0 \tag{5.1}$$

速度、温度、浓度、压力及时间的特征值为：

$$\hat{u}^* = \hat{u}/u_0,\ \hat{v}^* = \hat{v}/u_0,\ \hat{w}^* = \hat{w}/u_0,\ \hat{p}^* = \hat{p}/u_0^2\rho_0$$
$$t^* = tu_0/h_0,\ \hat{T}^* = \frac{\hat{T}-T_0}{T_R-T_0},\ \hat{C}^* = \frac{\hat{C}-C_0}{C_R-C_0} \tag{5.2}$$

h_0 为所考虑问题的特征长度，通风问题研究中一个典型的特征长度就是送风口的尺度或送风口面积的平方根。当自然对流占主导作用时，如在室外低温情况下建筑中庭冷气流下泄，热面或冷面的高度 l 也可作为特征长度。通常以送风速度 u_0 作为特征速度：$u_0 = q_0/a_0$（q_0 为散流器的体积流量，a_o 为散流器的送风口面积）。而 T_0, T_R, C_0, C_R 分别为送风温度、回流温度、物质释放浓度、回流浓度。

将以上特征值表达式代入控制方程组，得到以下无量纲的控制方程组。

$$\frac{\partial \hat{u}^*}{\partial x^*}+\frac{\partial \hat{v}^*}{\partial y^*}+\frac{\partial \hat{w}^*}{\partial z^*} = 0 \tag{5.3}$$

$$\begin{aligned}&\frac{\partial \hat{v}^*}{\partial t^*}+\hat{u}^*\frac{\partial \hat{v}^*}{\partial x^*}+\hat{v}^*\frac{\partial \hat{v}^*}{\partial y^*}+\hat{w}^*\frac{\partial \hat{v}^*}{\partial z^*} = \\ &-\frac{\partial \hat{p}^*}{\partial y^*}+\frac{\mu_o}{\rho_0 h_0 u_0}\left(\frac{\partial^2 \hat{v}^*}{\partial x^{*2}}+\frac{\partial^2 \hat{v}^*}{\partial y^{*2}}+\frac{\partial^2 \hat{v}^*}{\partial z^{*2}}\right)-\frac{\beta g h_0(T_R-T_o)}{u_0^2}\hat{T}^*\end{aligned} \tag{5.4}$$

$$\frac{\partial \hat{T}^*}{\partial t^*}+\hat{u}^*\frac{\partial \hat{T}^*}{\partial x^*}+\hat{v}^*\frac{\partial \hat{T}^*}{\partial y^*}+\hat{w}^*\frac{\partial \hat{T}^*}{\partial z^*} = \frac{\lambda}{c_p\rho_o h_0 u_0}\left(\frac{\partial^2 \hat{T}^*}{\partial x^{*2}}+\frac{\partial^2 \hat{T}^*}{\partial y^{*2}}+\frac{\partial^2 \hat{T}^*}{\partial z^{*2}}\right) \tag{5.5}$$

$$\frac{\partial \hat{C}}{\partial t}+\hat{u}^*\frac{\partial \hat{C}^*}{\partial x^*}+\hat{v}^*\frac{\partial \hat{C}^*}{\partial y^*}+\hat{w}^*\frac{\partial \hat{C}^*}{\partial z^*} = \frac{D_{AB}}{h_0 u_0}\left(\frac{\partial^2 \hat{C}^*}{\partial x^{*2}}+\frac{\partial^2 \hat{C}^*}{\partial y^{*2}}+\frac{\partial^2 \hat{C}^*}{\partial z^{*2}}\right) \tag{5.6}$$

从以上方程中，可得到以下无量纲参数：

$$Ar = \frac{\beta g h_0(T_R-T_0)}{u_0^2},\ Re = \frac{\rho_0 h_0 u_0}{\mu_0},\ Pr = \frac{\mu_0 c_p}{\lambda},\ Sc = \frac{\mu_0}{\rho_0 D_{AB}} \tag{5.7}$$

式中：Ar、Re、Pr 和 Sc 分别为：Archimedes 数、Reynolds 数、Prandtl 数和 Schmidt 数。Archimedes 数代表了热浮力与惯性力之比。Reynolds 数为惯性力和黏性力之比，也可看成是湍流耗散和层流耗散之比。Prandtl 数为动量耗散与热量耗散之比。Schmidt 数为动量耗散与质量耗散之比。Ar 和 $1/Re$ 出现在动量方程中，$1/(RePr)$ 出现在能量方程中，$1/(ReSc)$ 出现在污染物扩散方程中。

这些无量纲参数是模型实验的重要依据。他们由独立变量的无量纲化过程确定。当在无通风条件下考虑室内的自然对流时，速度的特征值可以定义为：$\hat{u}^* = \hat{u}l\rho_0/\mu_0$，其中，$l$ 是冷表面或热表面的高度，而 Grashof 数将出现在动量方程的浮力项中。

$$Gr = \frac{\beta g \rho_0^2 l^3 (T_R - T_0)}{\mu_0^2} \tag{5.8}$$

Gr 也可表示为：$Gr = ArRe^2$ 。

5.1.1.2　模型实验条件

在模型实验中，为了保证实验模型和实际室内空间的无量纲控制方程组具有相同的解，实验模型与实际房间相比，要求满足以下条件：

①边界条件的无量纲相似性参数相等，包括相似的几何形状；

②流动控制方程组的无量纲参数 Ar、Re、Pr 和 Sc 相等；

③ 控制方程中的常数 ρ_0，β_0，μ_0… 在所采用的温度和速度的范围内变化较小。

边界条件的无量纲相似性参数相等，要求实验模型与实际房间满足几何相似，即无量纲的体积流量、温度和源的释放率相等。在室内通风条件下，要求模型和实际房间具有相同的无量纲送风廓线，为了满足该要求，实验中可采用能够产生相同气流的简单开口来代替实际房间结构复杂的散流器。另外，室内壁面的温度 $T_s(x,y,z)$ 分布受壁面辐射和导热的影响，因而在模型中很难保证无量纲温度边界条件的相等。较为可行的办法是估算热辐射和导热的影响，把它作为模型的边界值处理，以获得相同的无量纲温度分布 $T_s^*(x,y,z)$ 。

而在模型实验中很难保持所有的无量纲参数都相等。例如，当等模型比缩小因子为 10 时，为了保证 Reynolds 数相等，模型速度须为实际速度的 10 倍；为保持 Archimedes 数相等，温度须增加 1000 倍。另一方面，当模型实验中采用空气作为流动介质时，Prandtl 数不会变化。对于非等温流动问题，模型实验中可采用水作为流动介质，减少温度的变化。当 Reynolds 数较大时，流动主要由完全发展的湍流控制，即使送风速度不同，湍流结构和流动形态也是相似的，所以与 Reynolds 数无关；而且湍流漩涡对热量和质量的输运同样优于分子扩散，所以也与 Prandtl 数和 Schmidt 数无关，故可忽略 Reynolds 数、Prandtl 数和 Schmidt 数。

当模型实验中自然对流占主导地位时，以 Grashof 数代替了 Archimedes 数（方程式(5.8)），则要求控制方程组具有相同的 Grashof 数、Prandtl 数和 Schmidt 数。Nevrala 和 Probert 提出采用喷嘴代替模拟冷（或热）表面，使模型气流与实际房间气流相匹配。

5.1.2　速度场的测量

5.1.2.1　空气流场多点测量实验

(1)实验模型简介

在国家生物防护装备工程技术研究中心的室内微环境实验室中，测试研究了室内的气流速度分布特点。室内微环境实验室房间结构尺寸为 5.14 m×3.64 m×2.3 m，如图 5-1 所示。右侧顶部有两个送风口，另有四个排风口，两个位于顶部，两个位于侧壁下方，其送风方式为可调型，可分别组成室内上送上排、上送下排和矢流等气流组织方式。

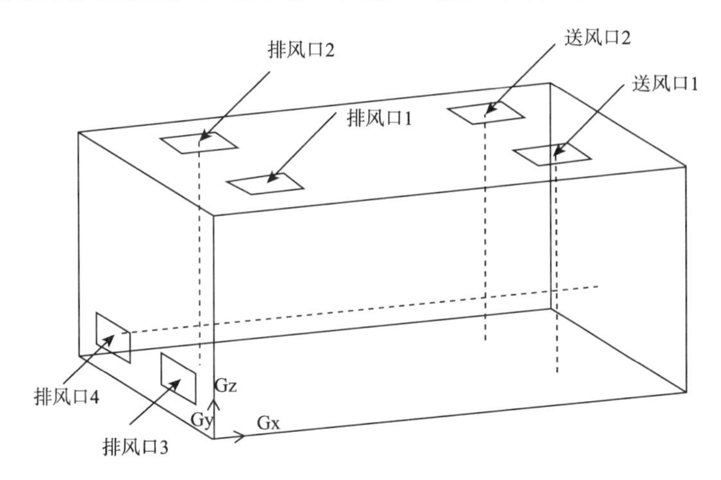

图 5-1　微环境实验室结构示意图

(2)速度测点分布

分别测量了室内换气次数为 15、20、25 次/h 时上送上排和上送下排两种送风方式下的速度分布。速度测点位于如图 5-1 中虚线方向，送风口轴线下方测点高度分别为 0.3 m、0.8 m、1.5 m 和 2.0 m，水平(高度 0.3 m)方向布点 x 坐标值分别为 0.1 m、0.15 m、1.5 m、3.0 m 和 4.2 m，排风口轴线下方测点高度分别为 0.2 m、0.8 m、1.6 m 和 2.2 m。速度测量采用多点风速测试系统(1560)(图 5-2)和低风速测试仪(TSI)(图 5-3)同时进行，低风速仪主要测量速度较小的测点，如水平 1.5 m 和 3.0 m 测点，以及排风口下方 0.8 m 和 1.6 m 测点。

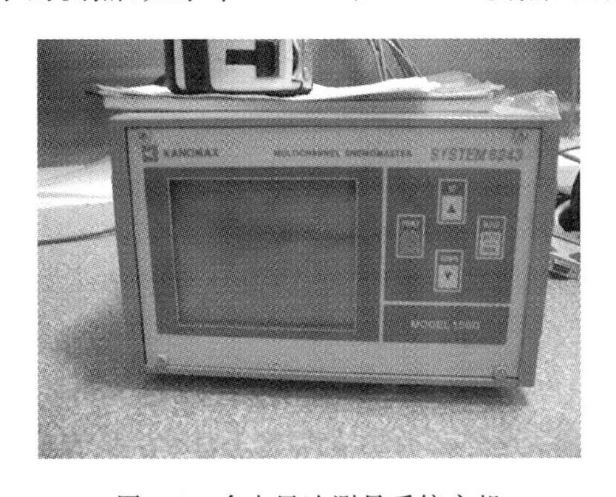

图 5-2　多点风速测量系统主机

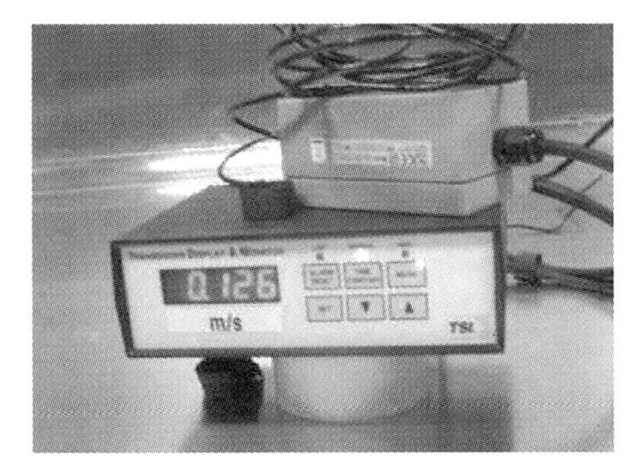

图 5-3　TSI 低风速测试仪

(3)速度测试结果

分别测量了上送下排和上送上排两种送风方式下微环境实验室的气流速度分布(图 5-4～图 5-6)。实验发现，送风口下方气流具有加速下沉现象，即离地面越近的地方气流速度越大，且大于送风口的送风速度，可能是因送风气流的温度(18～19℃)低于室内环境温度(22～23℃)，使得送风气流在重力作用下具有了下沉的加速现象。由于受实验条件限制，无法测得室内壁面的温度，因此无法考虑热效应的影响，这方面的研究有待进一步的深入。

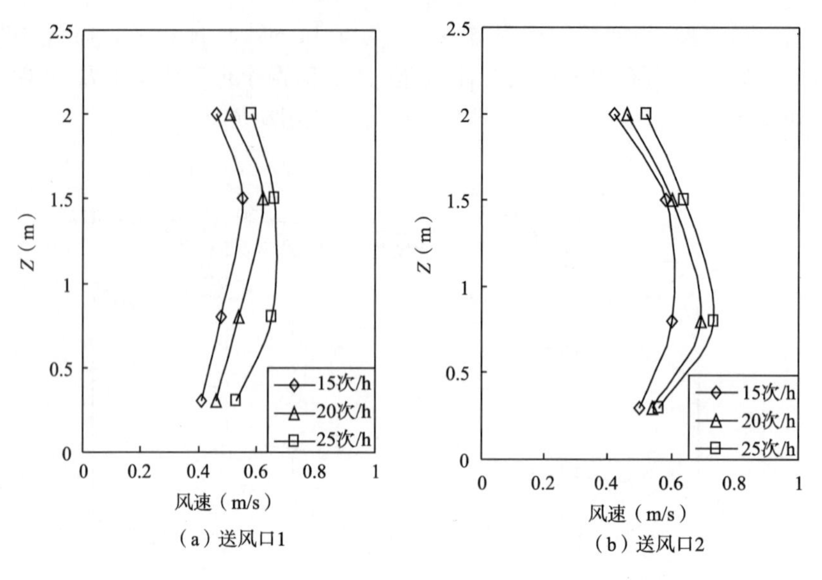

图 5-4　送风口轴线方向速度分布测试结果(上送下排)

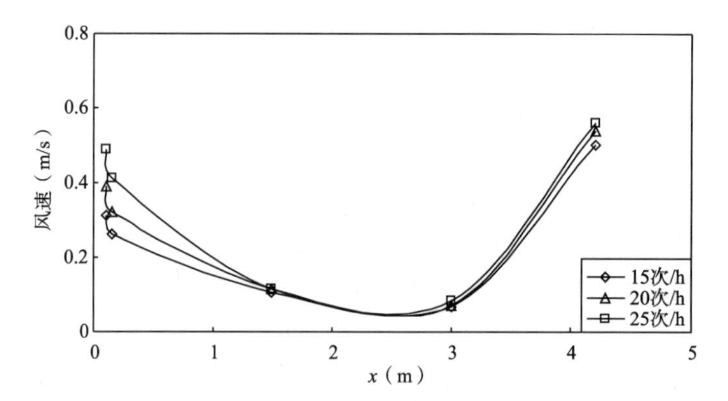

图 5-5　水平方向速度分布测试结果(上送下排)

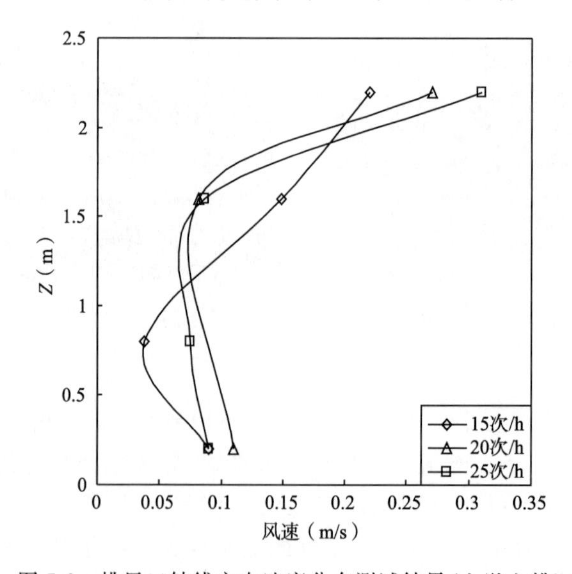

图 5-6　排风口轴线方向速度分布测试结果(上送上排)

随着换气次数的增加，送风速度增大，送风口轴线和排风口附近速度也随之增大，但主流区(水平方向)速度大小变化不大。这说明增大速度虽然加快了室内气流的排出，但并不能改变气流运动模式。

5.1.2.2 流场的三维 PIV 测量

室内的空气流动状态直接影响了有毒有害物质的扩散规律。采用 PIV 测速技术能够获得空间气流运动模式，有助于分析室内的有毒物质扩散分布。PIV 测速技术采用柱面镜和球面镜使脉冲激光束变成片光源，照亮流场中测试平面内的示踪粒子，以 CCD 记录粒子图像，通过对粒子图像进行相关分析，得到各个粒子的位移，再根据脉冲分离时间计算流动的速度，同时计算其他运动参量。

实验采用的三维 PIV(3D-PIV)系统是基于体视摄像法，用两台相机从不同方位记录被照明流场测试平面内粒子的图像，根据两个相机的空间位置投影关系和视差，把两个相机的 2 个二维坐标映射为空间点的三维坐标，把两个相机的 2 个二维位移场映射为空间一点的三维位移场，完成粒子空间位移场和速度场的重建。

(1)三维 PIV 系统

实验采用美国 TSI 公司的 3D-PIV 系统测量模型室内流场分布。3D-PIV 系统包括激光源、数据采集、同步控制和图像分析后处理四部分，如图 5-7 所示。激光源采用 120 mJ 双 YAG 激光器，2 个 2MP CCD 摄像机及镜头，可测量 500 m/s 以内的流场速度，流场测量范围小于 600 mm×400 mm，测量精度为±0.1%。

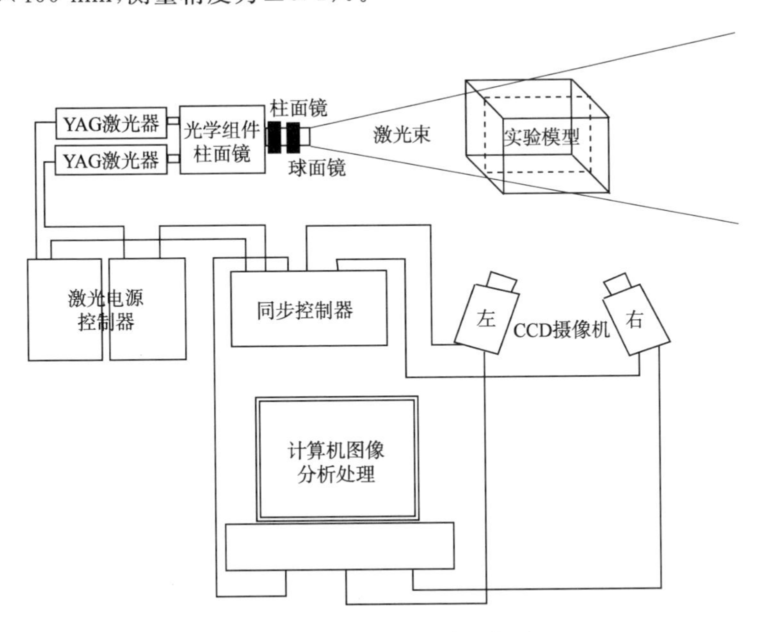

图 5-7 PIV 测量系统示意图

双脉冲 YAG 激光器经光束组合系统(beam combination optics mirrors)合并后，通过柱面镜发散(保持等厚度)和球面镜聚焦形成激光片光源，在球面镜的焦距位置激光片光源厚度最小(通常小于 1 mm)。模型待测平面内粒子被片状激光照亮后，由成一定角度的两台相机记录粒子图像，并传输给计算机。相机曝光和激光脉冲由同步控制器控制，以确保相机和激光器同步适时工作。最后采用 TSI Insight 6 软件对示踪粒子图像进行分析处理。

(2)模型结构

根据相似原理,考虑到对实际房间的换气率的要求,参照文献中雷诺数相似标准,本实验 *Re* 为 1587,对应风口的风速为 0.85 m/s。实际房间的几何尺寸按 8∶1 的比例缩小,采用有机玻璃搭建模型。模型结构尺寸为 450 mm×332 mm×410 mm($X\times Y\times Z$),圆形风口的直径 Φ 为 28 mm,门的尺寸为 225 mm×100 mm($Y\times Z$)。图 5-8 中虚线表示的 A、B 截面分别为 PIV 试验测量中的激光偏光源照射平面。

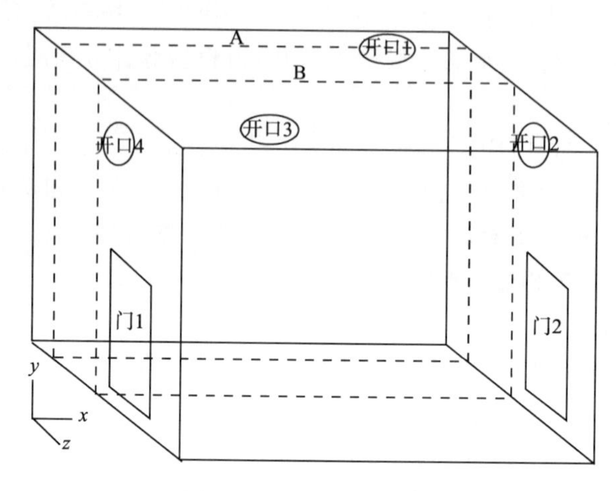

图 5-8　模型结构示意图

(3)测量的内容

本实验考查了通风方式和障碍物对室内流场的影响。实验研究的三种通风方式见表 5-1。障碍物的尺寸为 182 mm×23 mm×70 mm,放置方式如图 5-9 所示,采用混合通风方式,其中虚线表示的 A 截面为 PIV 测量平面。

表 5-1　PIV 测量内容

通风方式	通风入口位置	出口位置	测量平面
混合通风	开口 1	开口 3	入口、中心截面
上进门出	开口 1	门 1	入口、中心截面
侧进侧出	开口 2	开口 4	入口、中心截面

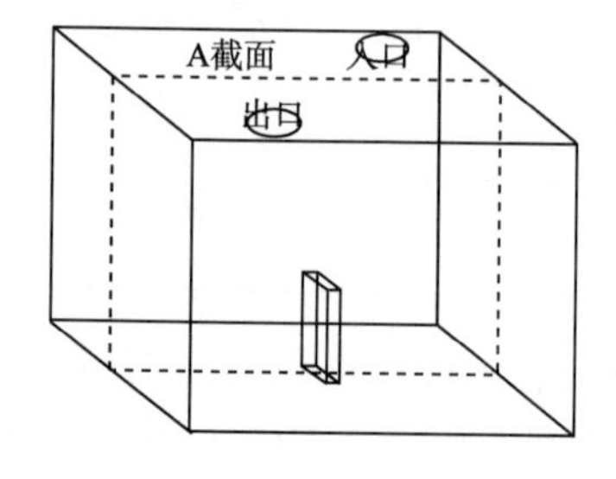

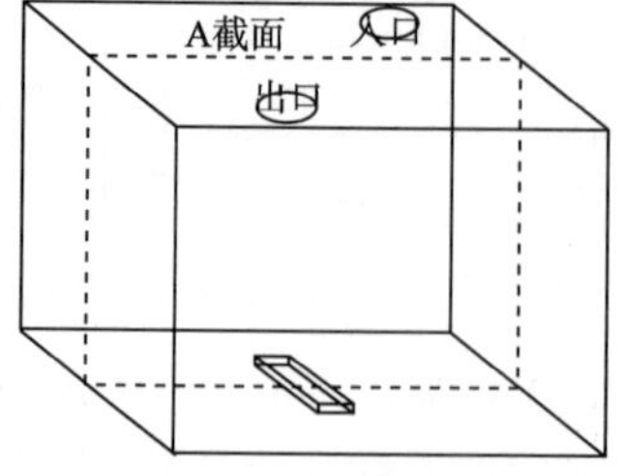

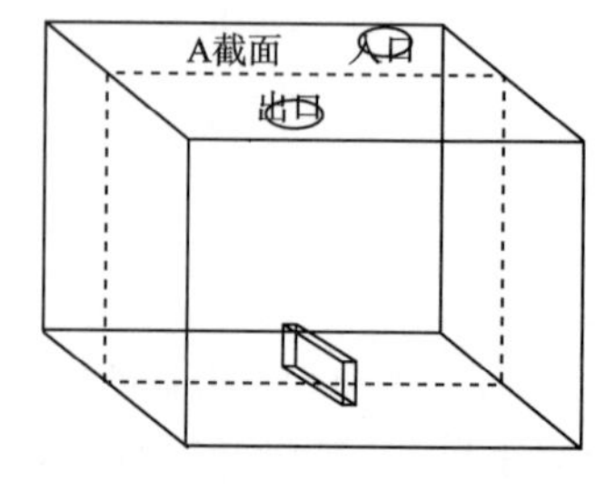

图 5-9　障碍物的不同放置方式

(4)测量步骤

1)调节光路系统,选用－15 mm 的柱面镜和 1000 mm 的球面镜组合形成片状激光源。

2)标定待测流场的空间位置坐标同图像位置的关系。由于相机存在偏角,所以需要采用复杂的函数关系来表示流场空间位置和图像位置的一一对应关系。实验采用标定靶标定流场的空间位置,拍摄标定靶图像,分析得出流场和图像之间的函数关系式。

3)模型开始通风,等到内部流场稳定后(5～10 min),拍摄并保存待测平面的粒子图像。实验以甘油加热冷凝释放的甘油雾状颗粒作为示踪粒子。

4)采用 Insight 6 软件对粒子图像进行分析处理,得到流场初步矢量图,再进行速度场的校正。

5.1.3　气态物质扩散实验

5.1.3.1　气体示踪实验

示踪气体实验法是进行污染扩散实验研究的主要方法,研究室内有毒物质的扩散也可以利用这种方法。选择 CO_2 气体作为示踪气体进行了测试室内气体扩散模拟实验,研究了 CO_2 不同释放位置对浓度分布的影响。

(1)气体释放系统

气体释放源是由 99.999%的 CO_2 从气体钢瓶中经过减压阀和流量调节阀两级减压后,由内径为 10 mm、长 3 m 的不锈钢导气管导入实验测试室不同释放位置固定,通过转子流量计测得流量为 1.048 L/min。其中,示踪气体释放系统的压力主要由减压阀和流量调节阀来控制,缓冲瓶主要起缓冲作用,减小释放源流量的波动所导致的源强度的变化,系统示意图如图 5-10 所示。

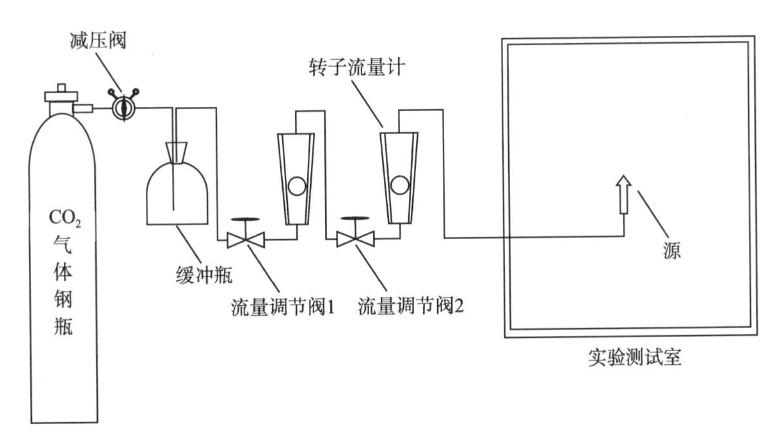

图 5-10　示踪气体释放系统示意图

(2)采样方法

测试室采用上送上排的混合通风方式,这种通风组织方式是大型公共建筑最为常用的通风方式之一,其特点是有利于室内气体物质的混合扩散,实验中在测试室中心位置垂直方向布设 6 个检测点,间隔大约 0.5 m,各监测点离壁面和障碍物距离均较远,主要是为了减小壁面和障碍物对浓度分布的影响,考查气体的垂直分布规律。浓度测点的分布如图 5-11 所示,在排风口设置一个检测点,测量排出气体的浓度。

CO_2 气体样品采用注射器直接采样法进行采样，但为了不干扰测试室内部的流场和浓度分布状态，采样人员不能直接进入房间内部，因此，用直径为 3 mm 的不锈钢导气管固定在图 5-11的各测点位置，另一端固定在室外，用注射器经导气管在室外进行采样。在实际采样时，注射器第一针抽取的为导气管内部的气体，第二针抽取的为需要采集的样品，采样体积应大于导气管的内体积，这里采样体积为 30 mL。

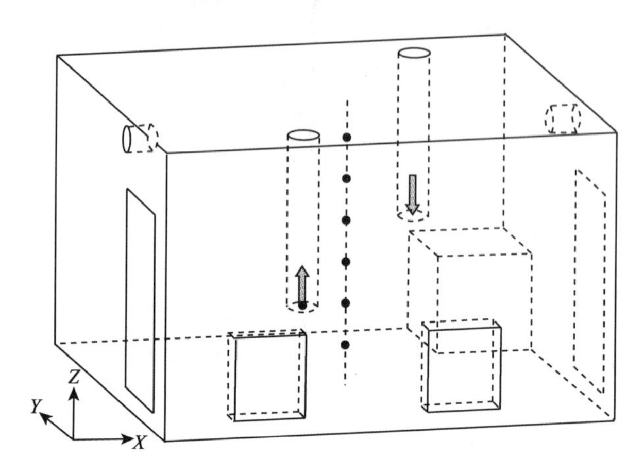

图 5-11　浓度测量点示意图

(3)样品测试方法

气体样品的 CO_2 浓度用气体质谱(OmniStar 气体质谱，瑞士 Balzers 公司)以 MCD(Mutiple Concentration Detect)方式进行在线取样检测分析，检测器为 CH-TRON，二次电子倍增器(SEM)电压为 1000 V。其中，CO_2 的特征峰是 m/e=44，以空气中 CO_2 浓度为 300 ppm 来校准质谱实现 CO_2 的定量检测。

(4)实验步骤

实验共采集三种不同释放位置时 CO_2 气体的浓度分布，具体实验步骤如下：

1)清理测试室实验环境，检查气体释放系统是否有漏气，固定好源释放位置和采样点，连接好采样器，调节通风管道阀门，打开通风系统，通风 30 min，待风机运行稳定后进行下一步；

2)用 QDF-3 型热球式风速仪测得送风口的平均气流速度为 1.2 m/s；

3)关闭门，持续通风 2 h，待室内气流稳定后，打开减压阀，开始释放 CO_2 气体，记录 CO_2 流量；

4)释放 CO_2 气体 1 h 后，开始每隔 10 min 采样 1 次，共采样 4 次；

5)停止释放 CO_2 气体，通风 2 h 后，可关闭风机或进行下次实验；

6)将样品送实验室利用气体质谱仪进行分析，并记录结果。

(5)测试结果

通过对排气口不同时间采样浓度分析发现，CO_2 在室内扩散至稳态的时间大约为35 min，如图 5-12 所示。因此，实验中对稳态浓度场分布的采样须在此时间限以后进行，为了消除风机和环境等不稳定因素对浓度场的影响，在导入 CO_2 示踪气体 1 h 后，开始进行采样。

当 CO_2 释放位置在点(1.8,2.14,0.72)时，四次采样测试浓度值如图 5-13 所示，其中，A、B、C、D 分别代表每一次采样的测量分析结果，各采样点的稳态浓度用 4 次采样测量值的算术平均表示。测试结果表明，在相同的通风方式和室内环境下，气体释放源的位置是影响浓度分布的主要因素;且气体浓度较小时,气流湍流运动是影响其扩散效应的主要因素,其扩散过程可视为被动标量的输运过程。

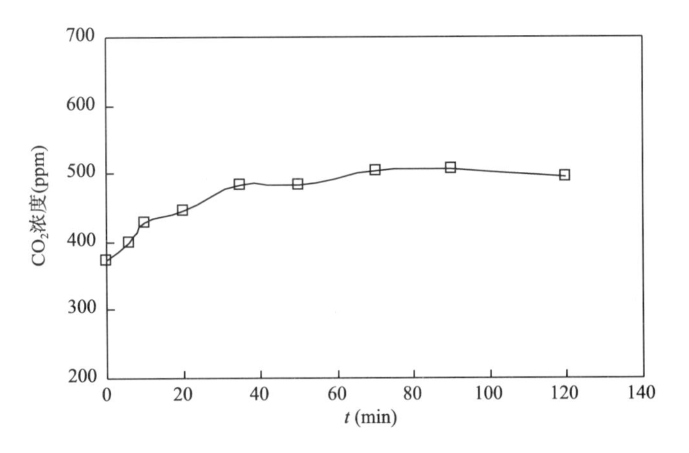

图 5-12　CO_2 浓度随时间的变化趋势

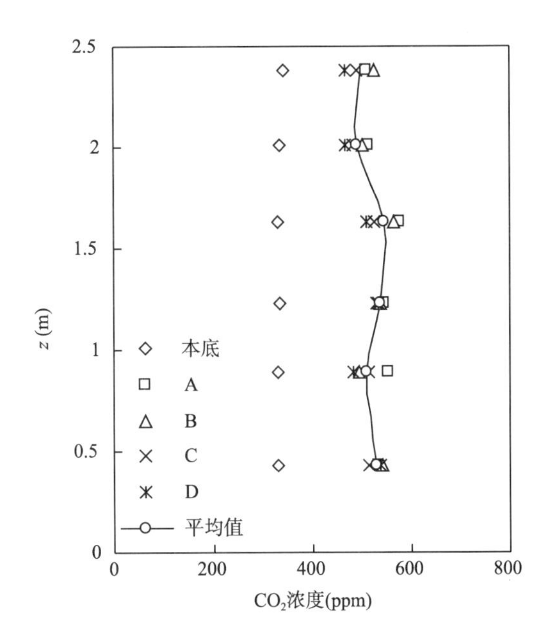

图 5-13　CO_2 浓度测量结果

5.1.3.2　苯和 DMMP 扩散实验

分别选用苯和沙林模拟剂(甲基磷酸二甲酯,DMMP)进行了室内有毒物质扩散实验研究,以考查有毒有害物质在室内的扩散情况。

(1)蒸汽发生系统

苯和 DMMP 在常温下均为液态,实验中利用鼓泡法产生气态苯和 DMMP 导入室内空气环境。因此,释放源气体的浓度取决于气源的流量($Q_入$)和苯、DMMP 的挥发度。流量由流量调节阀控制,苯扩散实验中 $Q_入=0.867$ L/min。

由于 DMMP 的挥发度较小,为了产生足够量 DMMP,实验中,利用油浴加热 DMMP 液体，温度约为 30℃，$Q_入$=1.036 L/min。蒸汽发生系统如图 5-14 所示。

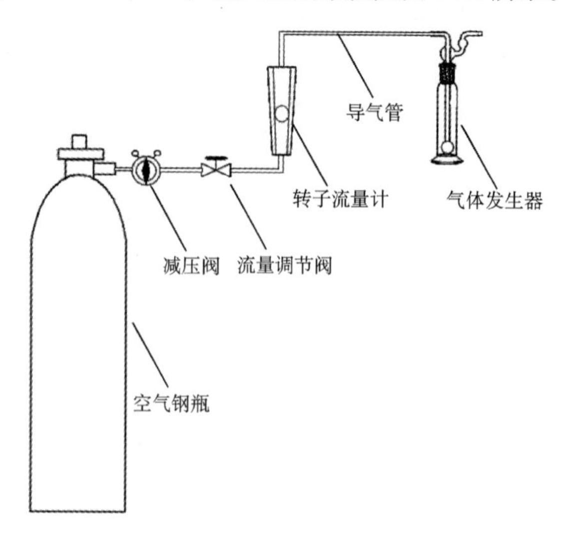

图 5-14　蒸汽发生系统

(2)采样方法

苯蒸汽样品同样采用注射器直接取样法采样，即利用 100 mL 注射器通过导气管在采样间进行采样，采样时，注射器第一次抽吸排空导气管内的空气，第二次抽吸为采集样品，采样体积为 30 mL(略大于导气管的容积)。室内导气管固定高越 0.9 m 的水平面上，主要是考虑人员坐姿的呼吸平面。其布设位置如图 5-15 所示，各采样点相应坐标值见表 5-2。

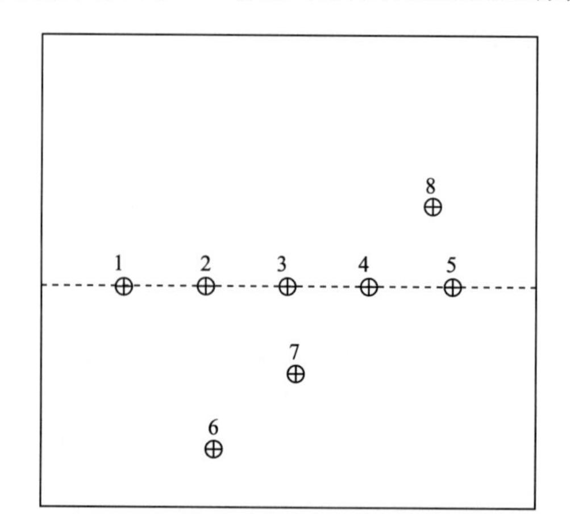

图 5-15　室内采样点的水平分布(高度为 0.9 m)

表 5-2　室内采样点坐标值

采样点编号	空间坐标值(m)		
	水平横向(x)	水平纵向(y)	高度(z)
1	0.53	1.66	0.88
2	1.11	1.66	0.88
3	1.75	1.66	0.88

续表

采样点编号	空间坐标值(m)		
	水平横向(x)	水平纵向(y)	高度(z)
4	2.34	1.66	0.88
5	2.96	1.66	0.88
6	1.4	2.81	0.94
7	1.84	1.76	0.9
8	2.85	1.12	0.9

实验中，由于 DMMP 挥发度相对较小及色谱分析方法的要求，DMMP 蒸汽样品采用 CD-2A 型双路大气采样器进行采样，用普通型气泡管装 10 mL 二氯甲烷吸收 DMMP 蒸汽，采气流量为 1 L/min，采样时间 3～5 min，如图 5-16 所示。

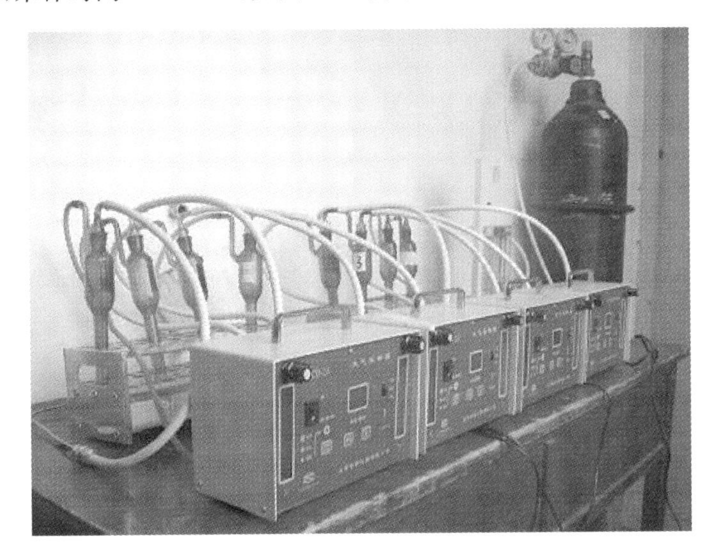

图 5-16　DMMP 采样图

实验时，首先打开风机进行通风，约 1 h 后，气流达到稳态，打开减压阀，利用气体鼓泡产生蒸汽。对于苯蒸汽，施放 0.5 h 后开始采样，采样三次，每次间隔 10 min，最终取三次采样平均浓度作为实验测量结果。而 DMMP 分别在释放 1 h 和 2 h 采样 2 次。

(3)测试方法

1)苯的测量

苯蒸汽样品采用阀进样气相色谱法进行分析。阀进样是采用定量管控制进样量，定量管一端与采样器(注射器)连接，另一端与抽气装置连接，以保证待测样品在定量管内均匀流动。实验采用 CD-1 型大气采样器，以 0.1 L/min 的流量经定量管连续抽吸待测气体。

色谱条件：色谱测试填充柱；炉温 120℃；FID 检查器温度 160℃，氢气流量 30 mL/min，空气流量 240 mL/min，尾吹气流量 10 mL/min；载气为氮气 30 mL/min；阀温 58℃；进样口温度 120℃；定量管 1 mL。

2)DMMP 的测量

吸收 DMMP 的二氯甲烷样品采用针进样方法，用 GC-FPD 进行分析。

色谱条件：HP-5 毛细管色谱柱：30.0 m×320 μm×0.25 μm，柱流量 2 mL/min；起始温度 70℃，保留 1 min，以 15℃/min 程序升温至 250℃，保留 2 min；FPD 检测器温度 250℃，氢气流量 75 mL/min，空气流量 100 mL/min，采用恒流模式；载气为高纯氮气，压力 5.42 psi；进样口温度 250℃，不分流进样，运行时间为 15 min。

分析所用气相色谱仪如图 5-17 所示。

图 5-17　气相色谱仪(6890)

(4)测试结果

为考查室内苯蒸汽扩散是否能达到稳态，以 1 号采样点为监视点，分别监测了 5、10、15、20、30、40、60、70、80、90 min 时的浓度，其色谱峰面积随监测时间变化曲线如图 5-18 所示。可见，30～40 min 后可视为室内苯蒸汽扩散达到稳态，此结论与示踪气体扩散实验所得结论一致。

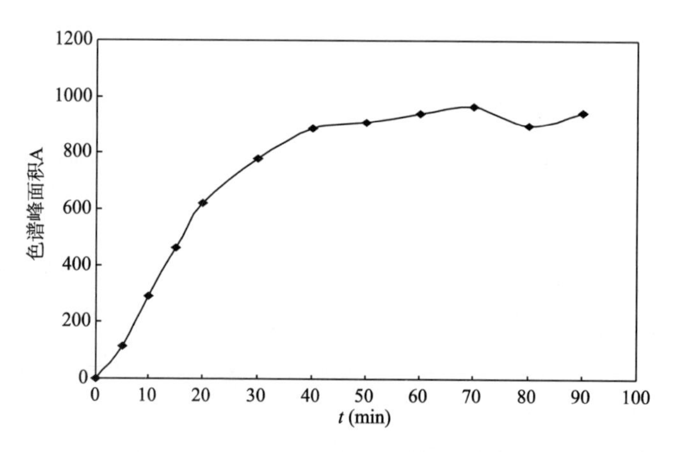

图 5-18　1 号采样点不同时间采样测试结果

实验分别测量两种不同释放位置时，室内的苯和 DMMP 的分布分别见图 5-19 和表 5-3。

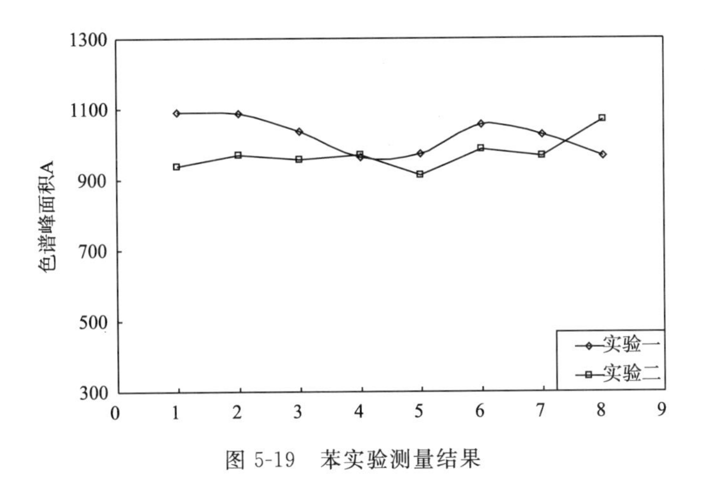

图 5-19　苯实验测量结果

表 5-3　DMMP 扩散实验测量结果(mg/m³)

采样点编号	释放位置(1.78,1.16,1.76)		释放位置(1.62,1.33,1.12)	
	0.5 h 采样	1 h 采样	1 h 采样	2 h 采样
1	0.0078	—	0.0053	—
2	0.0110	0.0052	—	0.0052
3	0.0226	0.0144	0.0599	0.0144
4	0.0986	0.0363	0.1214	0.0363
5	0.1180	0.0270	0.0427	0.0270
6	36.1	0.8150	0.0512	0.8150
7	0.0245	0.0282	0.1423	0.0282
8	0.1290	0.0299	0.0765	0.0299

5.1.4　生物颗粒物扩散实验

5.1.4.1　实验测量方法及仪器

在天津国家生物防护装备工程技术研究中心的室内微环境实验室，分别测量了微生物颗粒和水雾粒子的扩散分布。菌液和水均采用气溶胶发生器(德国 IGEBA-FOG IP40，如图 5-20所示)进行分散。微生物选用黏质沙雷氏菌(ATTCC8039)。浓度测点如图 5-22 所示，释放源的位置为(2.8,1.8,1.05)。采用激光粒子计数器(MetOne-237B，如图 5-21 所示)测量水雾粒子的分布，而微生物采用 Porton 液体撞击式微生物气溶胶采样器进行采样，在 25℃条件下，培养箱中培养 24 h，对细菌进行计数，计算得到各测点浓度值。

表 5-4　颗粒物监测点坐标

检测点编号	测点 1	测点 2	测点 3	测点 4
坐标位置	(3.6,1.8,1.16)	(2.2,1.8,1.16)	(1.6,1.8,1.16)	(0.8,1.8,1.16)

图 5-20 气溶胶发生器

图 5-21 激光粒子计数器

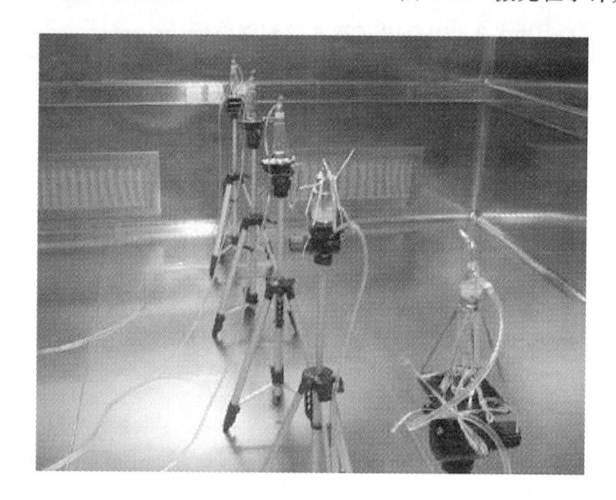

图 5-22 微生物采样图

5.1.4.2 测试结果

在上送下排气流组织模式下，当换气次数为 20 次/h 时，各监测点水雾粒子数测量结果如图 5-23 所示。在上送下排时，室内气流呈单向流状态，气溶胶发生器产生的雾颗粒随气流运动方向扩散，通过排风口排出，由发生器扩散至排风口的时间大约 1 min（如监测点 4），且 6 min 以后各监测点的浓度基本达到最大值，趋于稳态。

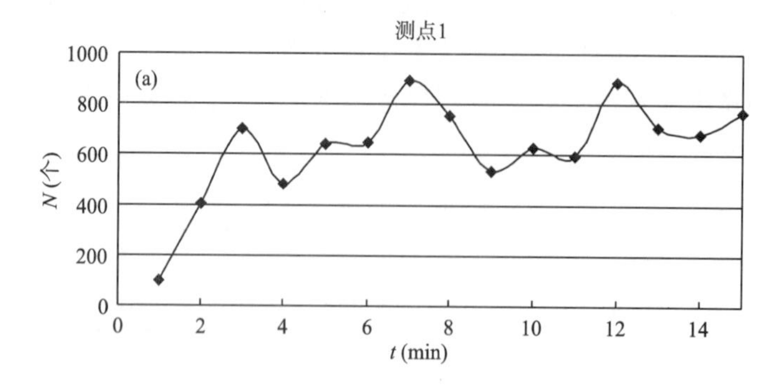

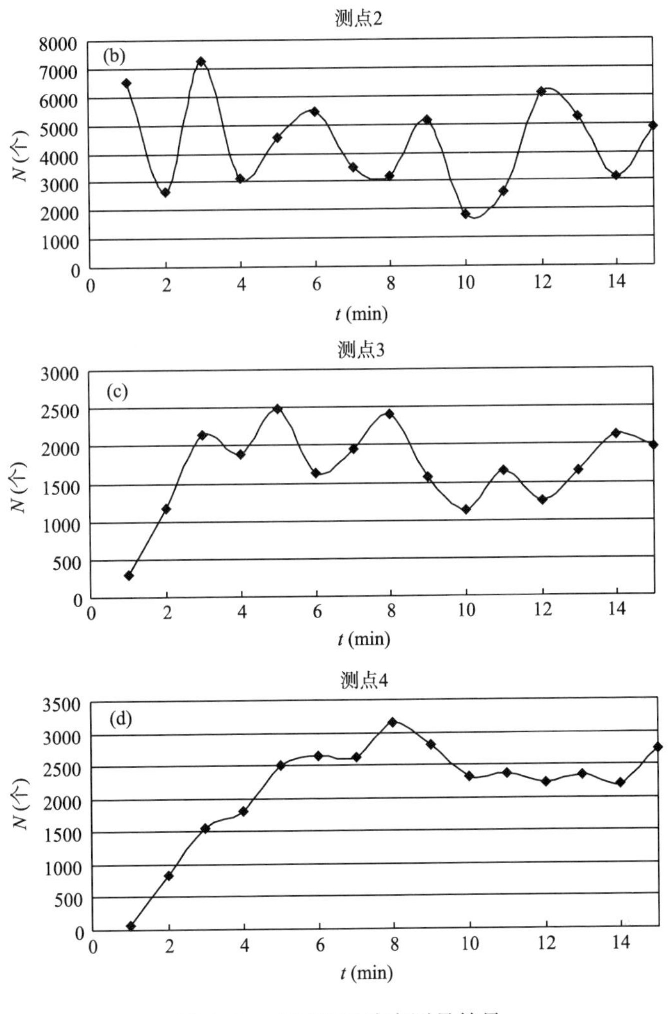

图 5-23　水雾粒子浓度测量结果

5.2　气流运动的数值模拟与验证

5.2.1　等温强制对流

等温强制对流实验模型长 L，宽和高均为 H，送风口高度 $h = 0.056\ H$，宽为 H，出口高度 $t = 0.16\ H$，如图 5-24 所示。实验雷诺数 $Re = 5000$。计算时采用 $H = 3\ \text{m}$，$V_{in} = 0.455\ \text{m/s}$，入口的湍流动能 k 和耗散率 ε 按下式计算。

$$k_{in} = 2.4 \times 10^{-3} U_{in}^2$$

$$\varepsilon_{in} = \frac{k_{in}^{3/2}}{0.1h} \tag{5.9}$$

计算网格数为 64800 个，模拟计算结果如图 5-25(彩插)所示。由模拟所得的无量纲速度分布与实验测量结果对比可见，三种湍流模型对主流区的模拟结果与实验吻合较好，但零方程模型对壁面附近流动的预测与实验测量结果相比偏差较大(图 5-26,图 5-27),标准 k-ε 模型和 RNG k-ε 模型的模拟结果与实验吻合较好。结果表明,对于等温房间的强制对流流动而言,因忽略了温度的影响,三种湍流模型均能较好地捕捉气流运动特征,且模拟精度均能满足实际应用要求。

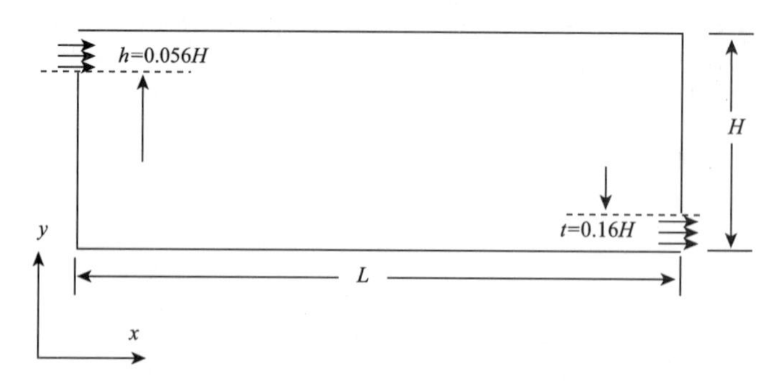

图 5-24　强制对流房间结构示意图

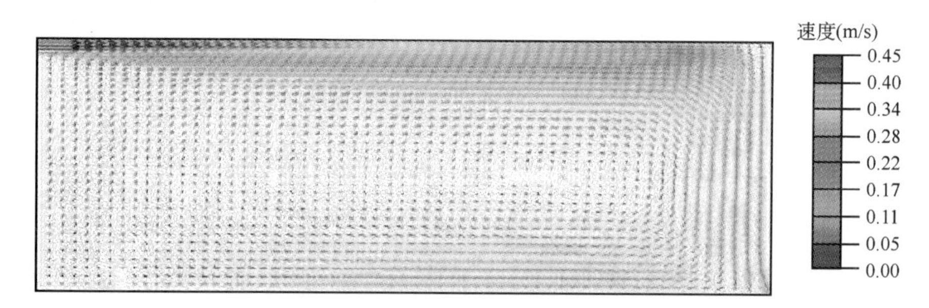

图 5-25　速度场的数值模拟结果

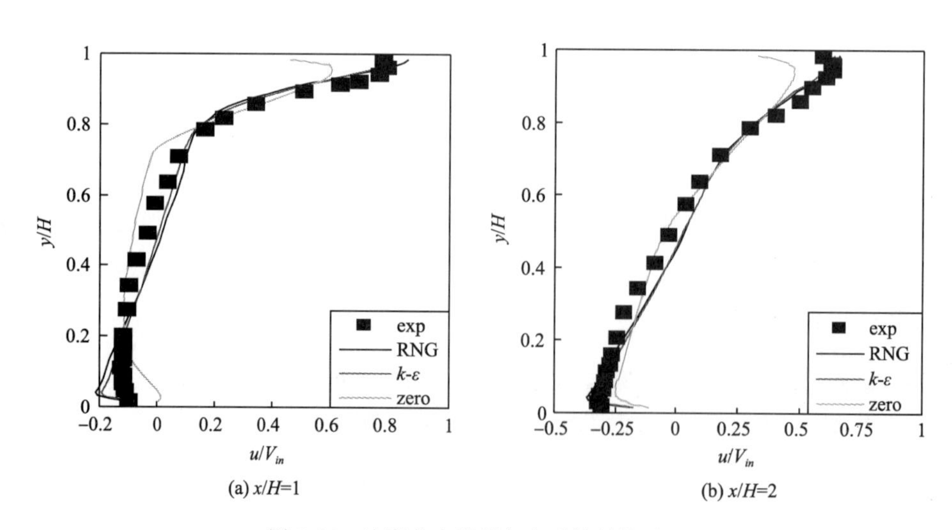

图 5-26　速度分布模拟与实验结果的对比

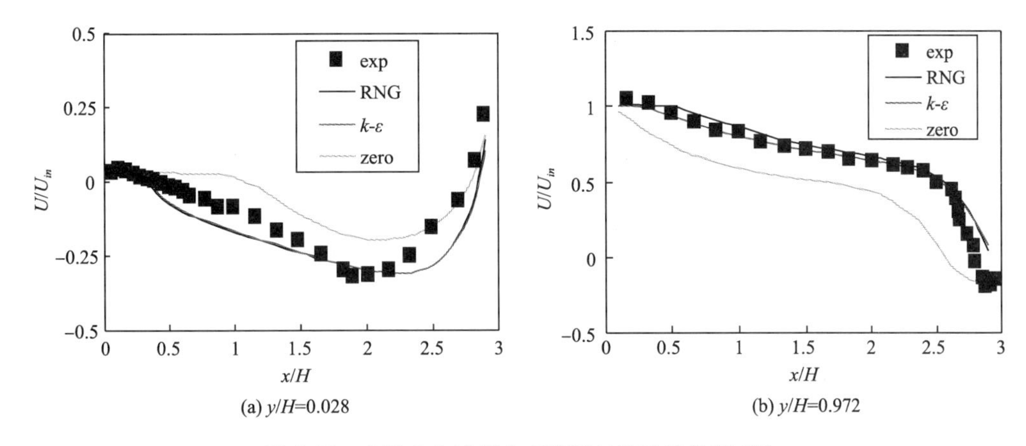

图 5-27　水平方向速度分布模拟与实验结果的对比

5.2.2　混合对流

当有热源存在时，须考虑热浮力效应对室内气流和有毒有害物质扩散的影响，在此以典型的室内混合对流的模型试验结果来验证数值模拟方法。Blay 测量了方腔内部的速度分布与温度分布。实验模型如图 5-28 所示，长和高相等，均为 $L=1.04$ m，宽度为 $W=0.7$ m。地面采用恒温加热，维持在 $T_{fl}=35$℃，其余壁面均为 $T_W=15$℃；送风口高 0.018 m，宽 0.7 m；出口高度 0.024 m，宽 0.7 m。

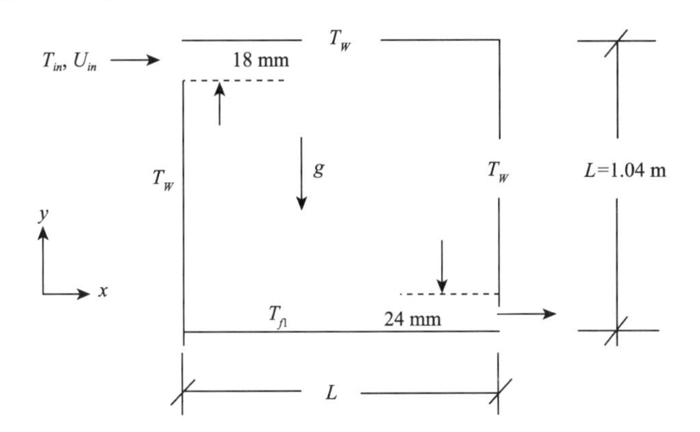

图 5-28　混合对流实验模型结构示意图

模拟采用 Bonssinesq 假设，考虑热浮力效应对气流运动的影响。当送风速度为 0.57 m/s 时，分别采用零方程、标准 k-ε 模型和 RNG k-ε 模型模拟了该实验方腔内的速度场和温度场，模拟结果与实验测量结果的对比如图 5-29、图 5-30 所示。

可见三种湍流模型对平均速度场的模拟结果与实验测量结果吻合较好，对于标量温度的模拟，两方程模型（标准 k-ε 模型和 RNG k-ε 模型）的模拟结果更加准确，零方程模型的模拟结果与实验测量值之间的最大偏差为 3℃。进一步对比 RNG k-ε 模型模拟所得的湍流动能与实验测量值可以发现（图 5-31），RNG k-ε 模型对湍流的模拟与实验结果基本吻合。

此外，实验中送风口速度 U_{in} 在 0.25～0.57 m/s 之间，发现当入口速度为 0.25 m/s 时（$Fr=2.32$），方腔内气流为逆时针流，当入口速率为 0.57 m/s 时（$Fr=5.31$）气流为顺时针，这说明热浮力效应对室内气流运动状态的影响，数值模拟结果如图 5-32 所示。

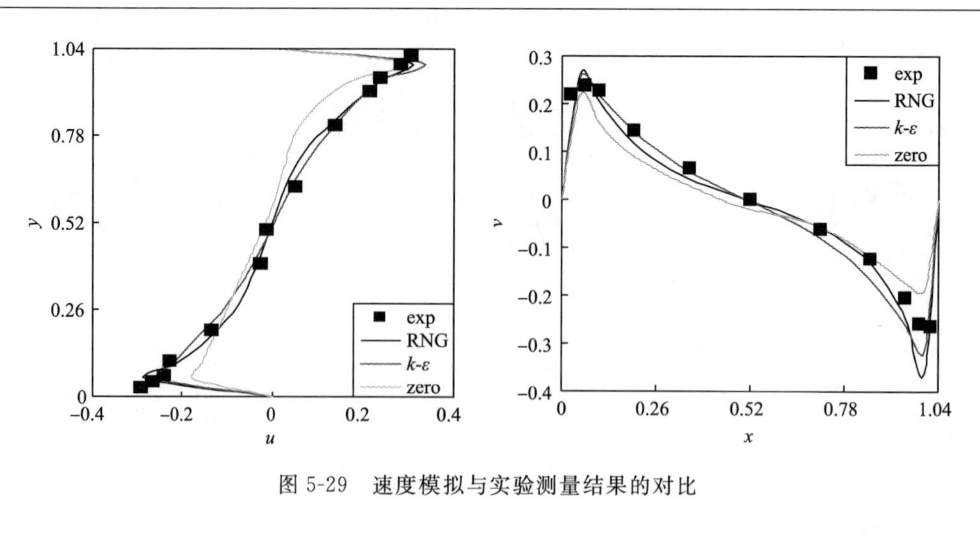

图 5-29　速度模拟与实验测量结果的对比

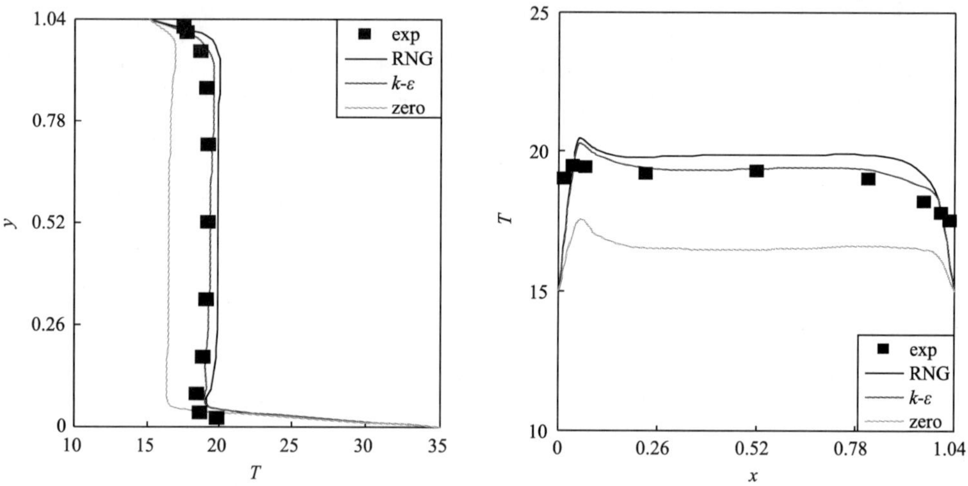

图 5-30　温度模拟结果与实验测量结果的对比

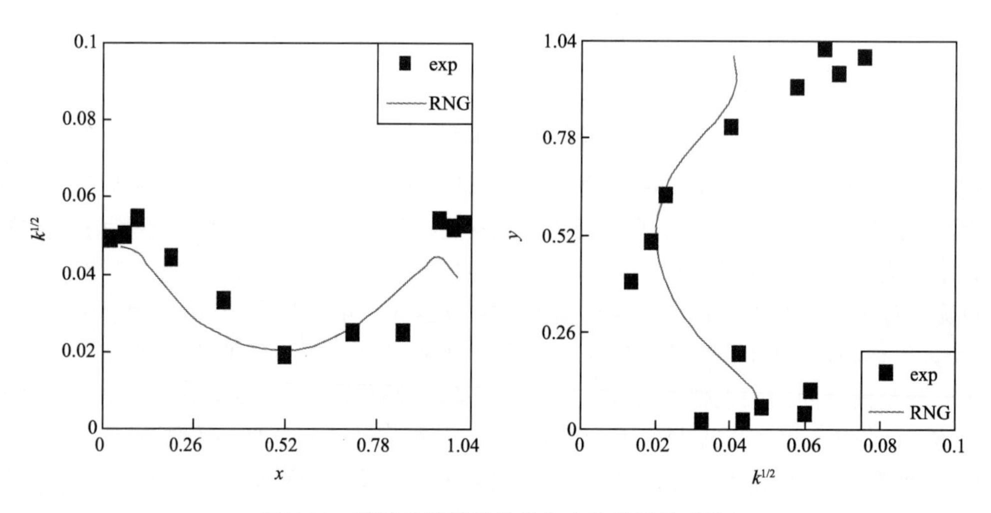

图 5-31　湍流动能模拟结果与实验结果的对比

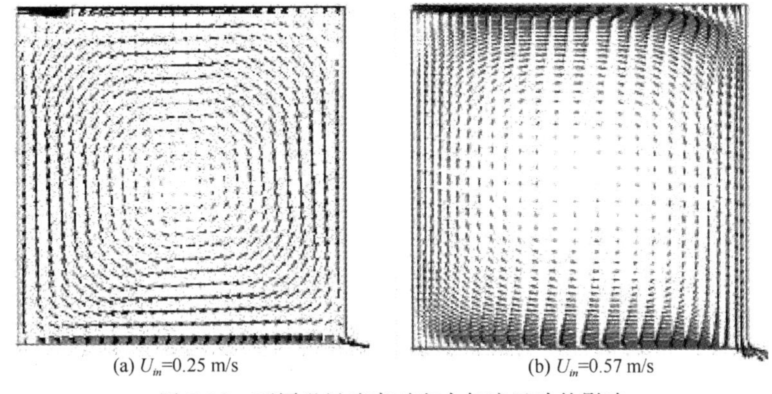

(a) U_{in}=0.25 m/s　　(b) U_{in}=0.57 m/s

图 5-32　不同送风速率对室内气流运动的影响

在微环境实验室气流多点风速测试时，发现在送风口下方气流具有加速下沉趋势。在数值模拟中，考虑房间照明灯具的热效应，分别采用零方程、标准 k-ε 模型和 RNG k-ε 模型三种湍流模型进行了计算，其结果如图 5-33～图 5-35 所示。可见三种湍流模型中 RNG k-ε 模型精度最好，标准 k-ε 模型次之，零方程模型最差。主要因为灯具散发的热效应聚集在顶部，送风气流温度低于室内温度，使得气流导入室内后，在上部热气流和右侧漩涡的共同挤压下气流加速下沉。可见，在实际建筑夏季如果采用顶部送风制冷时，其送风气流将呈现出这种特点，导致在地面形成冷空气浮，容易使污染物产生上浮效应。

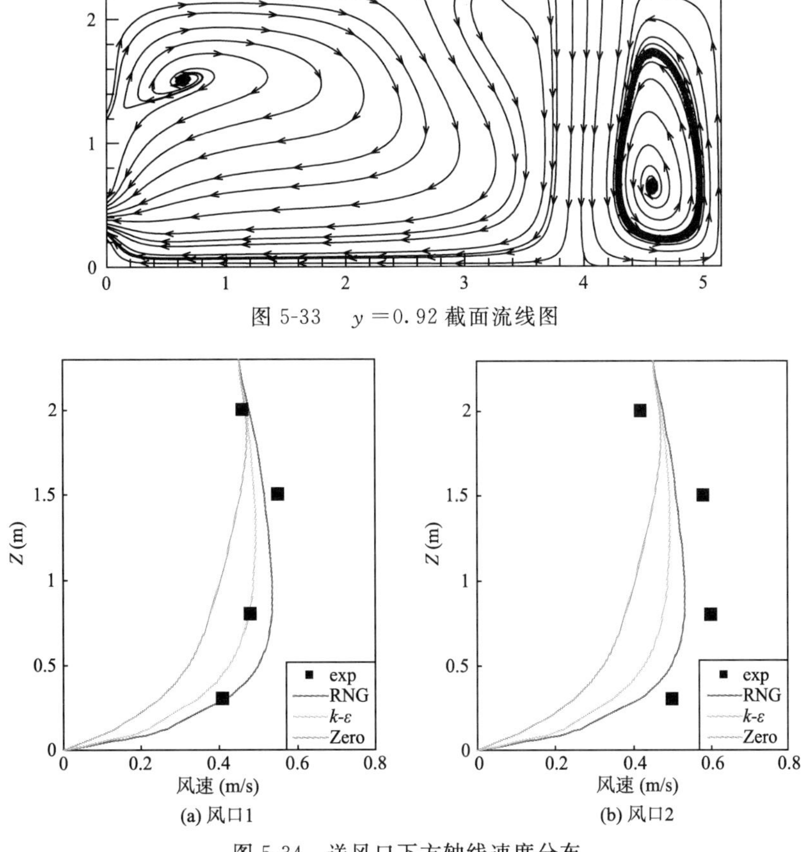

图 5-33　y = 0.92 截面流线图

(a) 风口1　　(b) 风口2

图 5-34　送风口下方轴线速度分布

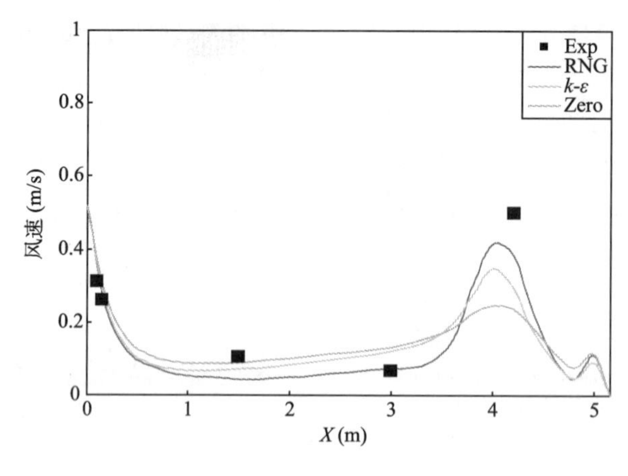

图 5-35　水平方向速度分布

5.2.3　气流运动模拟的 PIV 验证

室内空气流动受到室内布局、通风设置、室内热源等多方面因素的影响，呈现复杂的湍流流动状态。到目前为止，还没有普适的湍流模型能够完全适合于各种情况。这里我们考查几种常用的湍流模型，对模型房间的气流运动进行模拟，通过与 PIV 实验测量结果的对比，分析各模型的应用范围及其优缺点。

分别采用标准 k-ε 模型、RNG k-ε 模型和标准 k-ω 模型，对送风入口截面($y=0.375$ m)处流场的模拟结果与 PIV 测量的对比如图 5-36 所示。当气流从圆形风口流入室内后，在风口下

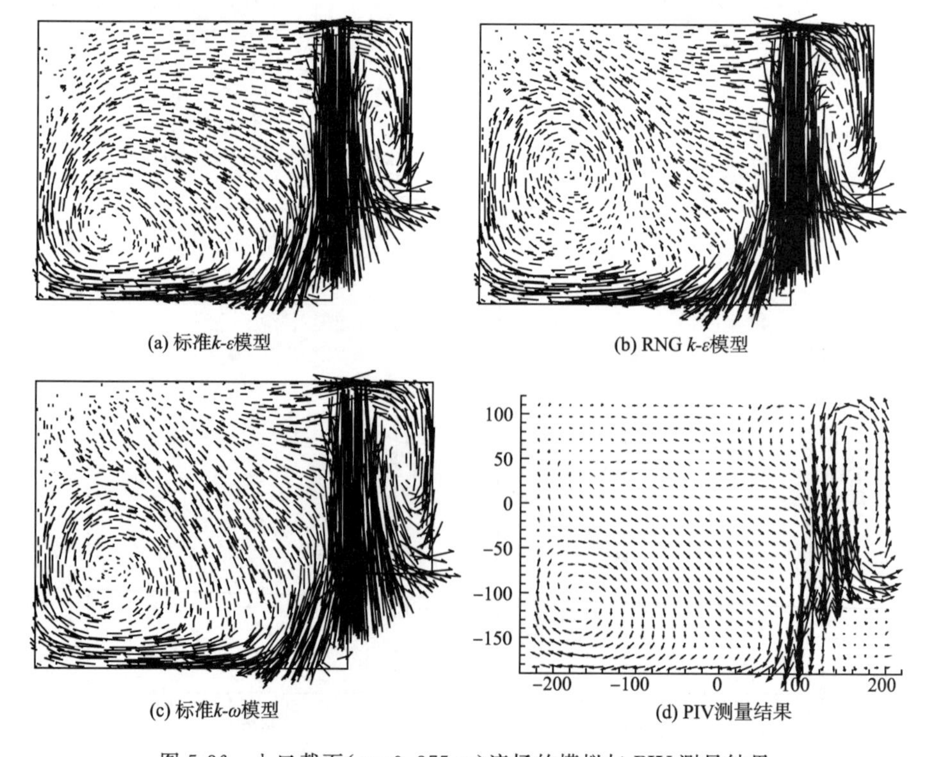

图 5-36　入口截面($y=0.375$ m)流场的模拟与 PIV 测量结果

方的流动相当于圆形喷嘴射流，气流比较集中，速度较大；送风气流在方形障碍物表面受到阻碍，分散流向四周，同时因为分别受到左右两侧墙壁的限制，气流在左侧壁面附近形成顺时针回旋流动，在右侧壁面形成逆时针回旋流动。由图 5-36 可见，上述四种模型对入口截面气流速度场的模拟与 PIV 测量结果均能较好地吻合。

图 5-37 为中心截面（y＝0.205 m）处流场的模拟与 PIV 测量结果，该截面气体呈复杂流动状态。气流运动受风口下方的障碍物阻碍分散后，一部分下泻气流沿地面向四周运动，受到左侧墙壁的阻止，形成了如图所示左侧壁面附近的顺时针大尺寸漩涡。一部分气流沿障碍物水平方向运动，在障碍物背风后方形成典型的后台阶流动，形成右下角的逆时针漩涡；而沿右侧壁面向上抬升的气流，在右侧壁面上方区域形成逆时针漩涡。由图 5-37 可见，在所选的湍流模型中，RNG k-ε 模型和标准 k-ω 模型对漩涡的捕捉能力更强，对流场主流区的模拟基本相似，与 PIV 测量结果基本吻合。标准 k-ε 模型对右侧壁面附近的漩涡预测较差。表明对具有复杂布局的室内流场模拟，RNG k-ε 模型的模拟结果好于基于各向同性假设的标准 k-ε 模型，且 RNG k-ε 模型提供了考虑低 Reynolds 数运动黏度的解析公式，对低 Reynolds 数流动和近壁面流动的模拟具有更高的可信度和精度。

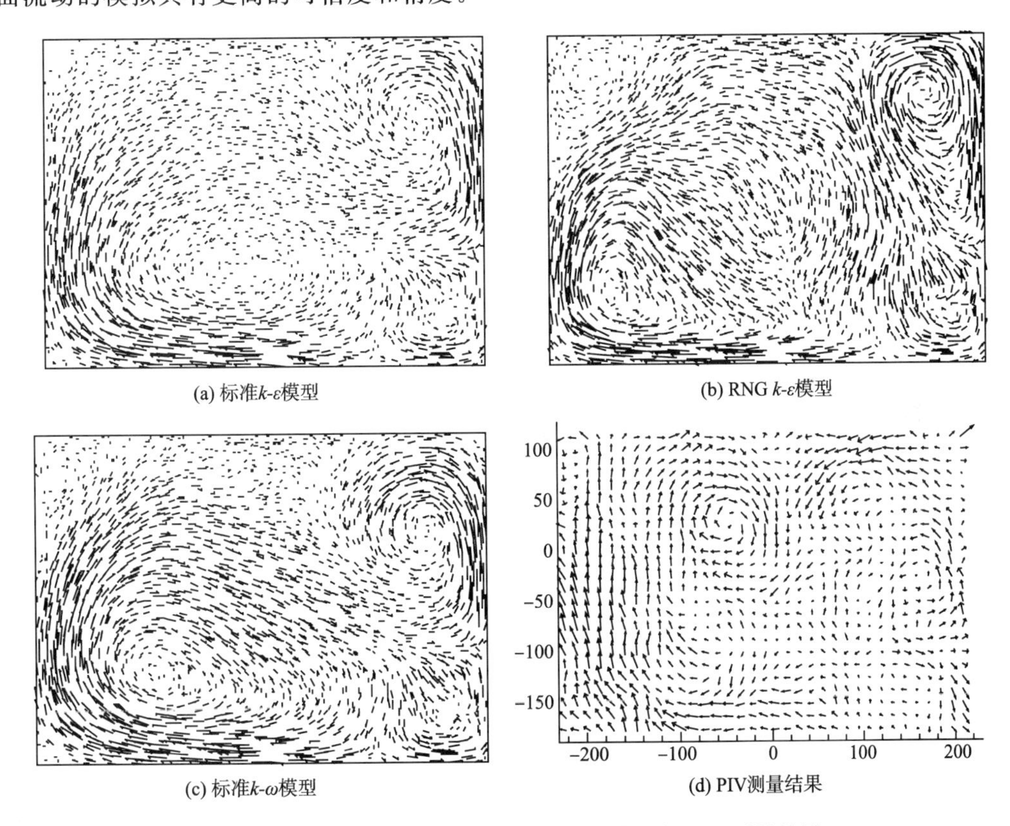

图 5-37　中心截面（y＝0.205 m）流场的模拟与 PIV 测量结果

此外，在对中心截面的 PIV 测量结果中，流场左右两股气流交汇诱导生成了顺时针漩涡，但数值模拟中未能捕捉到该漩涡。这可能是因为在 PIV 测量中，两帧粒子图片的时间间隔为 1×10^{-3} s，相对如此小的时间尺度，流动具有明显的瞬时特征。而所选用的湍流模型均为采用雷诺平均处理后得到的，这样就消除了对应于微尺度时间的流场特征，只能体现出流场的统计平均特征。这也正是基于 RANS 方法的湍流模型的不足之处，解决方法是采用高性能的模拟方法模拟流场的瞬时特征，如采用大涡模拟或直接数值模拟。

图 5-38 为出口截面(y=0.033 m)流场的模拟与 PIV 测量结果。可见，三种模型对出口截面流场的模拟与 PIV 测量结果吻合较好。

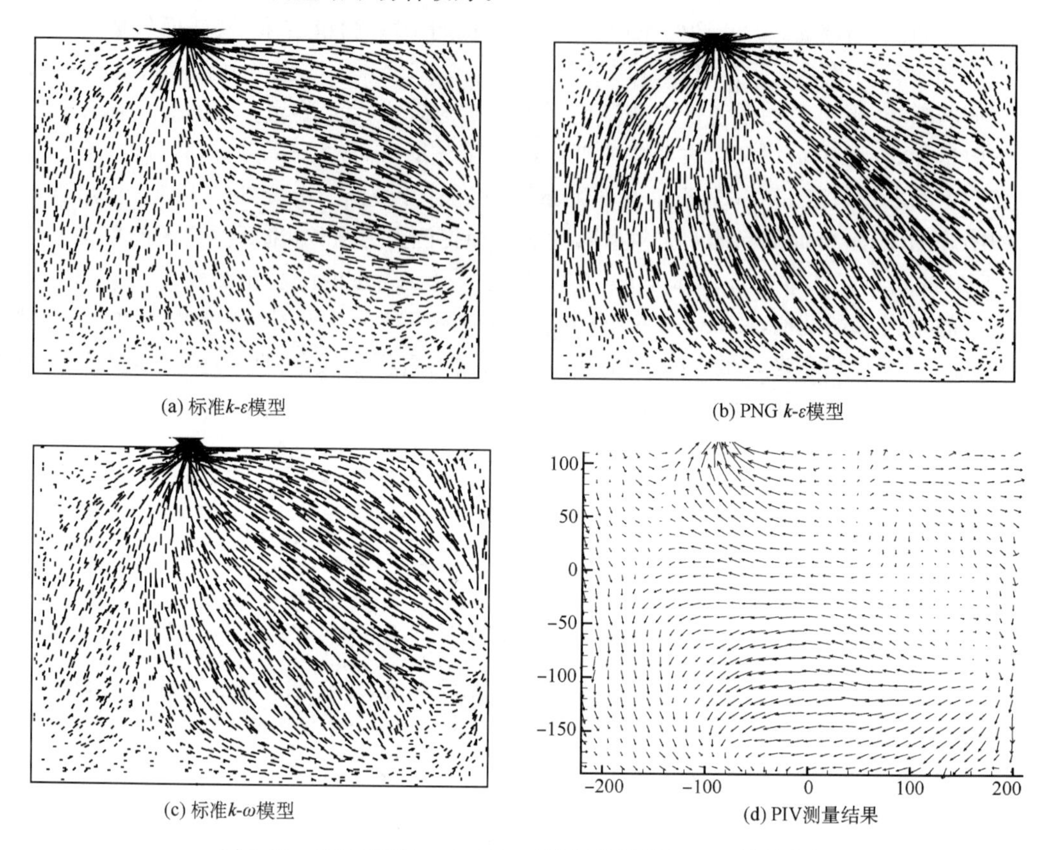

图 5-38　出口截面(y=0.033 m)流场的模拟与 PIV 测量结果

综上可见，所考查的三种模型对室内空气流动的模拟均是可接受的，但是总体而言，RNG k-ε 模型的模拟结果与实验测量结果吻合得更好，进一步定量比较发现，标准 k-ε 模型对主流区气流运动的模拟结果总体偏小，尤其对高度 0.15 m 以上区域流动的模拟和其他模型的模拟结果相差较大。在对流场结构特征(速度分布规律)的模拟中，RNG k-ε 模型与标准 k-ω 模型的模拟结果比较接近。对近壁区低 Reynolds 数流动的模拟，RNG k-ε 模型模拟结果与实验测量值吻合得更好。

5.3　有毒物质扩散分布数值模拟与验证

5.3.1　示踪气体扩散验证

分别采用标准 k-ε 模型、RNG k-ε 模型、标准 k-ω 模型和 RSM 模型，模拟了不同释放源位置下的 CO_2 示踪气体扩散的浓度分布情况，并与实验测量结果进行了比较，其结果如图 5-39 所示。在三种不同释放源位置下，测量了房间中央垂直方向的浓度分布。模拟和实验测量

结果的 CO_2 浓度均作无量纲化处理，即将室内的 CO_2 浓度除以通风出口平面的 CO_2 平均浓度。在实验测量值的无量纲化中，以通风出口平面中心 CO_2 浓度的测量值代替该面的平均浓度。

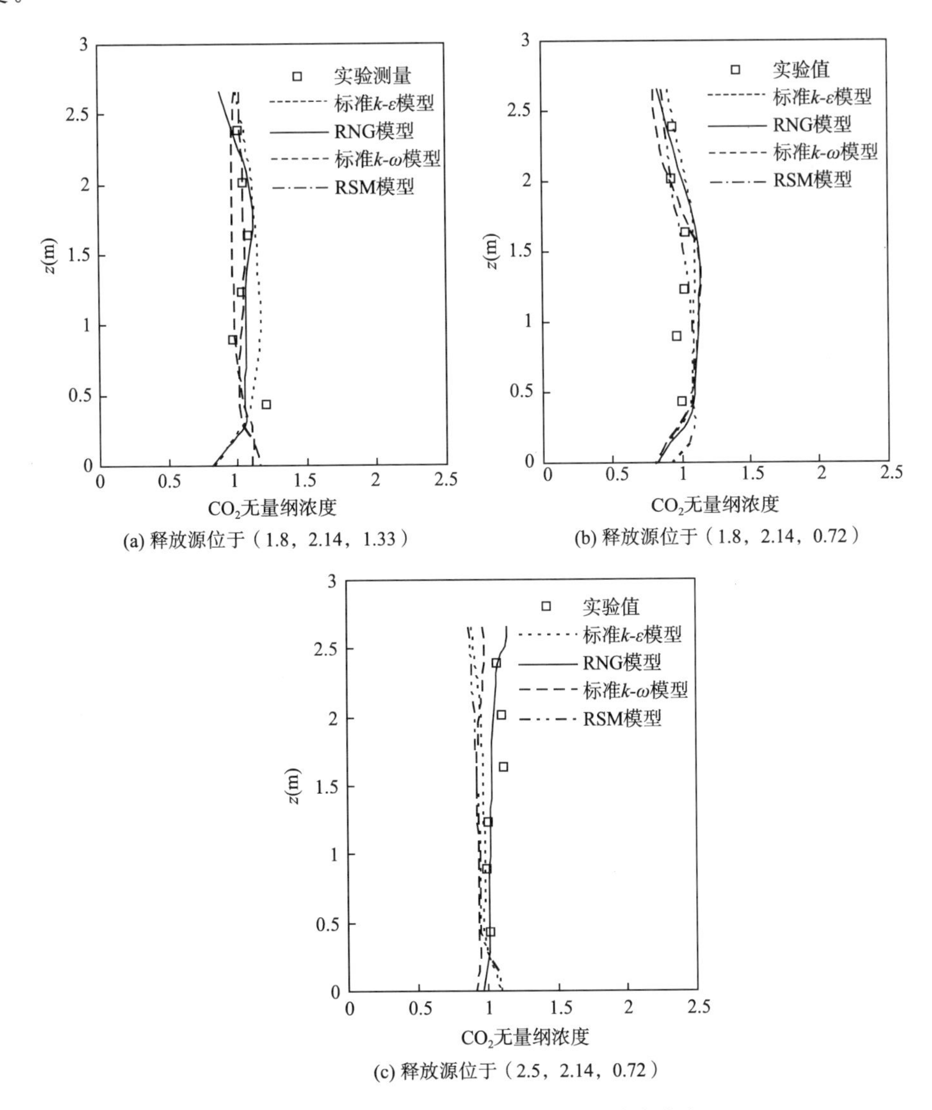

(a) 释放源位于（1.8，2.14，1.33）

(b) 释放源位于（1.8，2.14，0.72）

(c) 释放源位于（2.5，2.14，0.72）

图 5-39　不同湍流模型模拟的 CO_2 浓度分布

对比分析可见，4 种模型对 CO_2 气体扩散浓度分布的模拟结果与实验测量值相比，其最大相对偏差均不超过 20%。对于 3 种不同释放源位置的情况，RNG k-ε 模型的最大相对偏差均在 15%以内，是 4 种模型中与实验结果符合最好的模型。当释放源位于房间中部时，标准 k-ω 模型和 RSM 模型的模拟结果也是可以接受的。而标准 k-ε 模型因其对湍流运动的各向同性假设，对湍流黏性扩散系数的预测偏大，故对气体扩散效应的模拟结果也偏大。

图 5-39c 对应了释放源位置靠近送风口的情况，对该区域示踪气体扩散浓度分布的模拟除 RNG k-e 模型外，其他三种模型的模拟结果都偏小，这主要是因为对送风口附近区域流场的模拟与实际流场存在着差异。导致这种现象的原因有：一方面，实验中在送风管道距离送风口 1 m 左右的位置采用蝶阀控制送风量，这样导致送风出口的气流速度脉动较大，而模拟中送风

口采用均匀速度定义，以送风口平面的平均气流速度作为入口速度边界条件，这样处理虽然在主流区对流动的模拟不会产生太大的影响，但是对风口附近区域会产生较大的误差；另一方面，在送风口下方，气流受到障碍物的阻碍，气流运动特征发生变化，模型对障碍物表面附近气流的模拟能力也关系到模拟结果的准确性。而 RNG k-e 模型适合于低 Reynolds 数的流动，特别是对障碍物表面附近流动的模拟，它对黏度系数的计算采用的微分解析式方法，很好地解决了这种低 Reynolds 数流动问题。因此，RNG k-e 模型的模拟结果与实验符合更好。

5.3.2　苯扩散验证

分别采用零方程模型、k-ε 模型、RNG k-ε 模型三种湍流模型模拟了测试空间内苯蒸汽扩散分布，并与实验测试结果进行了比较(图 5-40，图 5-41)。由图可见，三种模型对室内有毒物质扩散的模拟结果与实验测量值吻合较好，k-ε 模型和 RNG k-ε 模型模拟结果与实验测量结果相比相对偏差均小于 20%，尤其是苯的第二组实验，相对偏差小于 5%，说明这两种模型

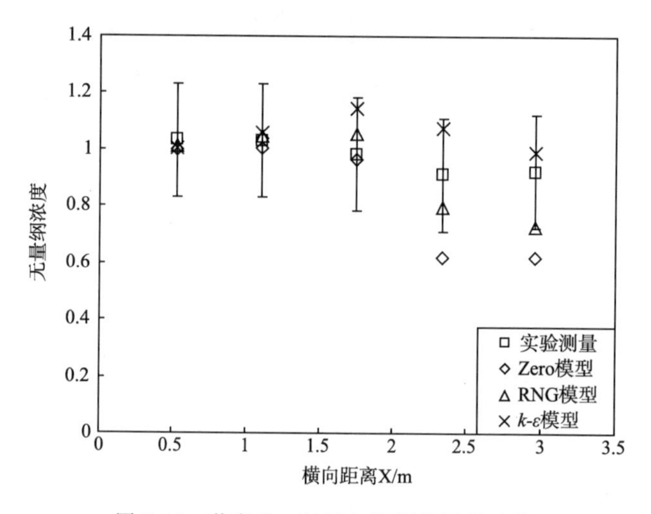

图 5-40　苯实验一结果与模拟结果的比较

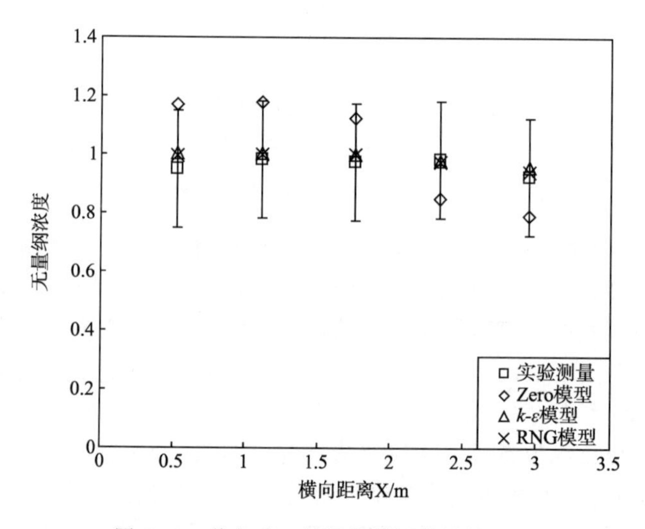

图 5-41　苯实验二结果与模拟结果的比较

的模拟结果准确可靠。零方程模拟结果与实验测量值模拟相对偏差较大,但对于分布规律的预测与实验测试结果相符,加之其模型求解方程数少,运算速度更快,对于实际快速模拟分析有利,可在实际应用中酌情采用。

因此,在实际应用中,可先用零方程模型计算得到毒物扩散的分布形态,了解其扩散运动趋势,如需要更加精确计算时,可以改选两方程模型进行模拟计算,并用零方程模型计算结果作为初始条件,能加快迭代求解过程。

5.3.3 颗粒物浓度场模拟的验证

图5-42分别为上送下排和上送上排时微生物粒子浓度的测量结果与模拟结果的对比。其中,微生物粒子的释放源位置相同,同为(2.8,1.8,1.05)。释放源开始释放4 min后,微生物采样器开始采样,采样时间2 min。取模拟中4～6 min的浓度平均值与实验结果比较,模拟结果与实验测量结果能较好地吻合。

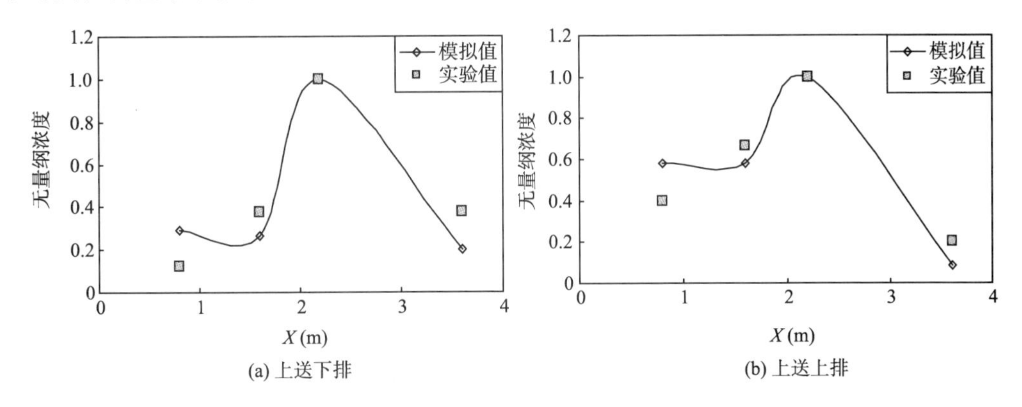

图5-42　微生物粒子的测量与模拟结果的对比

第 6 章　典型数值模拟软件应用

6.1　PHEONICS 软件

6.1.1　概述

PHOENICS 软件是模拟传热、流动、反应、燃烧过程的商用 CFD 软件，由英国 CHAM 公司开发，迄今已有 30 多年的历史。PHOENICS 是 Parabolic Hyperbolic Or Elliptic Numerical Integration Code Series 的缩写，该软件除具有通用计算流体/计算传热学软件应有的功能，开放性较好，最大限度地向用户开放了程序，用户可以根据需要修改添加用户程序、用户模型，同时程序的 PLANT 及 INform 功能使用户输入更加简便，GROUND 程序功能使用户修改添加模型更加方便；此外，还具有 CAD 接口，可以读入 CAD 软件的标准图形文件；软件内置了适合于各种 Re 数场合的湍流模型，包括雷诺应力模型、多流体湍流模型和通量模型及 k-ε 模型的各种变异，共计 21 个湍流模型，8 个多相流模型，10 多个差分格式。PHOENICS 软件操作界面如图 6-1 所示。

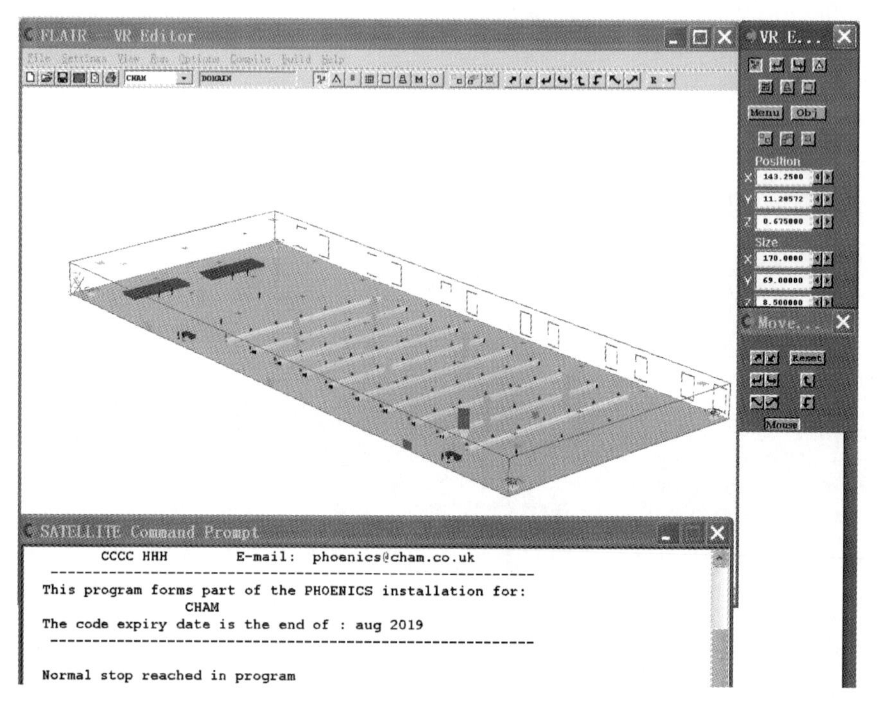

图 6-1　PHOENICS FLAIR 操作界面

PHOENICS 软件的边界条件设置以源项的方式给定，软件附带了从简到繁的 1000 多个算例，一般的工程应用问题几乎都可以从中找到相近的范例，给用户带来极大方便。目前，PHOENICS 软件的暖通空调计算模块 Flair 被广泛应用，也被一些别的软件包采纳，如英国集成环境公司(IES)的虚拟环境软件，用它来模拟局部空间的热流现象。其网格系统包括：直角、圆柱、曲面(包括非正交和运动网格)、多重网格、精密网格。可以对三维稳态或非稳态的可压缩流或不可压缩流进行模拟，包括非牛顿流、多孔介质中的流动，并且可以考虑黏度、密度、温度变化的影响。

6.1.2　建模计算过程

CFD 商用软件通常都利用高级图形用户界面输入模拟参数和检查显示模拟结果，主要包括前处理、数值求解和后处理三个主要部分。PHOENICS 软件也不例外，其建模过程包括以下几步。

6.1.2.1　建立或导入几何模型

PHOENICS 软件支持三种几何建模方法：一是利用简化模型库的模型进行组合建模；二是利用 Shapemaker 建立简单模型；三是以 STL 文件或 DXF 文件导入利用其他 CAD 软件建立的模型。几何模型的建立和导入界面如图 6-2 所示。

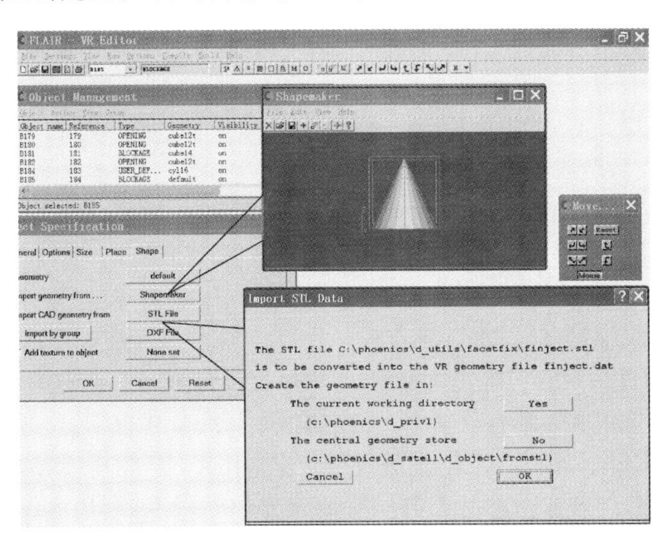

图 6-2　几何模型的建立和导入界面

(1)CAD 数据格式要求

室内数值模拟首先需要建立空间三维模型，而由于实际建筑环境的复杂性，给建模带来困难，通常专业人员在建立模型中需要花费很多时间，将目标建筑 CAD 建筑图纸转化为 CFD 软件能够识别的三维结构图，是提高工作效率和建模速度的有效办法。将实际空间作为一个实体或多个分体直接导入 CFD 前处理器，能节约大量时间和精力。

由 CAD 用户生成的二维/三维图形经过修改和打包，可直接导入 PHOENICS 软件建立实物模型，在计算域中定义物体的尺寸和位置即可。PHOENICS 软件的 CAD 接口可直接导入 STL、DXF 和 IGES 文件。

STL 文件最早是由美国 3D System 公司推出，作为一种三维数据格式，并在快速成形领域得到了广泛应用，成为该领域事实上的接口标准和最常用的数据文件。目前，STL 文件格式已经被广泛应用于各种 CAD 平台之中，很多主流商用 CAD 软件平台都支持 STL 文件的输入、输出。相对于其他数据文件而言，此类文件主要的优势在于数据格式简单和良好的跨平台性，可以输出各种类型的空间表面。

DXF 文件是 AutoCAD 软件用以将内部图样信息传递到外部的数据文件，是非标准化机构制定的标准。DXF 文件有 ASCII 码文本格式和二进制格式两种格式，导入 PHOENICS 软件的图形文件须选择 ASCII 码文本格式文件，该类型 DXF 文件可以用记事本打开，简单易读。

导入 PHOENICS 软件的图形文件，须满足以下协议：

①在 CAD 软件平台建立的模型必须是三维实体模型；

②模型需位于第一象限，即 X、Y、Z 必须为正值；

③输出 ASCII 码文本格式的 STL 文件；

④每个 STL 文件只能包括一个实体，当空间包含多个复杂物体时，需要单独建模输出独立 STL 文件，导入 PHOENICS 软件后设置尺寸和位置。

(2)Pro/Engineer 建模数据的导出

Pro/Engineer 是美国 PTC 公司研制的一套由设计到生产的机械自动化软件，是一个参数化、基于特征的实体造型系统，并且具有单一数据库功能，在没有任何附加模块环境下，具有大部分设计能力、组装能力和工程制图能力，支持符合工业标准的二维/三维图形输出，在工程三维建模领域应用广泛。利用 Pro/Engineer 建立结构模型，必须输出 STL 文件才能导入 PHOENICS 软件，须满足以下几点要求：

①在 Pro/Engineer 中建立三维实体模型，并保证模型的 X、Y、Z 值均为正；

②在 File 菜单下选择导出功能，并选择 STL 格式，其中 format 选 ASCII，不能选二进制格式。

(3)AutoCAD 建模数据的导出

在 AutoCAD 软件中建立三维实体模型，所用单位设置为“m”；如果是已有建筑图纸，删除图纸中的无关部分，保留实体结构外轮廓、层数、编号、基底等建模信息。使用 PLINE 命令闭合曲线，用 EXTRUDE 命令生成实体，然后将所有实体用 UNION 命令形成一个实体，移动模型使其位于第一象限，并使参考坐标系与实际地理方位相对应，利用 STLout 命令输出 STL 文件，注意选择 SACII 码格式。

(4)STL 文件/DXF 文件的导入

PHOENICS 的 VR(虚拟现实)彩色图形界面菜单系统可以直接读入 CAD 软件建立的模型(须转换成 STL 格式或 DXF 格式)，使复杂几何体的生成更为方便。在 PHOENICS 软件中导入 STL 文件或 DXF 文件时，其步骤如下：

①新建 case，选择 Core 模式或者 Flair 模式；

②设置模型参数，选择湍流模型和计算方法，设置计算域大小；

③导入模型文件。

将图 6-3 所示的房间结构模型导入 PHOENICS 后如图 6-4 所示，在 CAD 模型导入过程中，应设置比例因子，CAD 文件导入参数设置如图 6-5 所示，单位转换关系如表 6-1 所示，例如，当图纸单位为 mm 时，比例因子为 0.001。导入模型后，调整模型尺寸和空间位置，设置物性参数(图 6-5)，建立入口和出口，按照实际问题设置边界条件，划分网格，进行计算，并保存结果进后处理。

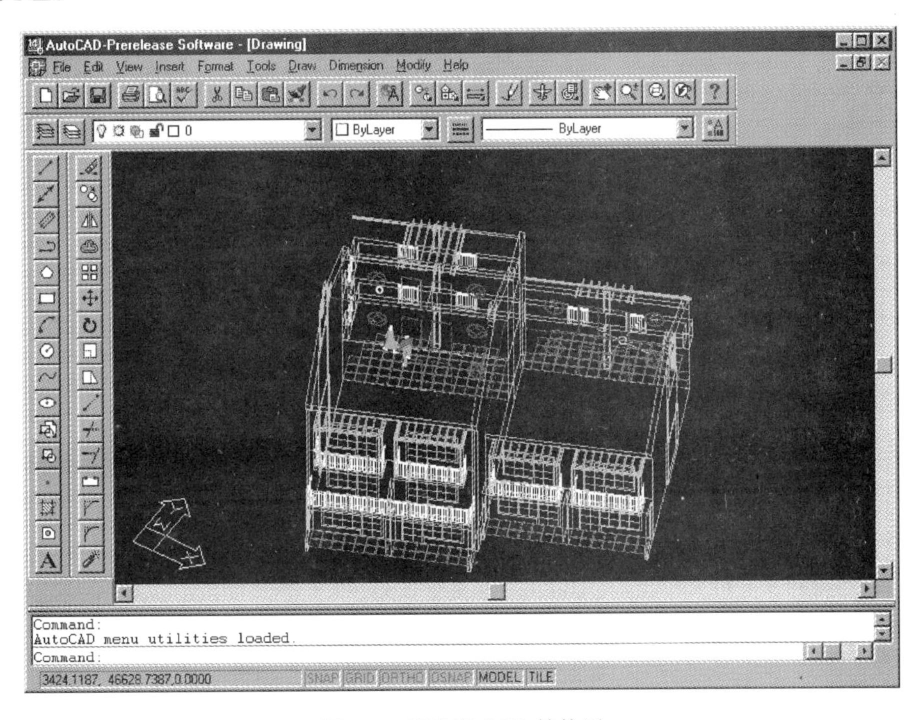

图 6-3　某房间 CAD 结构图

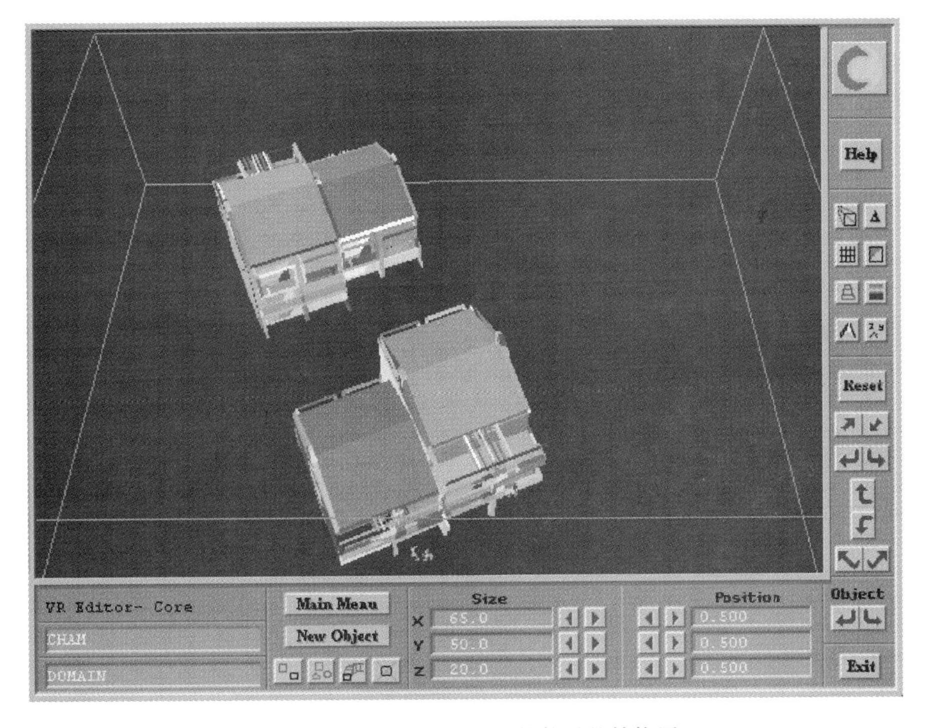

图 6-4　导入 PHOENICS 软件后的结构图

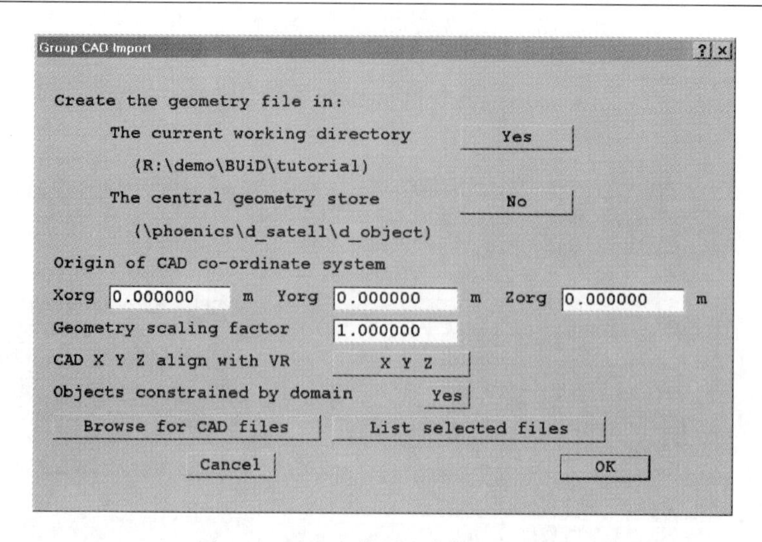

图 6-5 CAD 文件导入参数设置界面

表 6-1 CAD 模型与 PHOENICS 单位转换关系表

编号	CAD 图形单位	比例因子
1	mm	0.001
2	cm	0.01
3	m	1.0
4	inches	0.0254
5	feet	0.3048
6	yards	0.9144

6.1.2.2 划分网格

PHOENICS 软件支持笛卡儿坐标系、圆柱极坐标系和贴体坐标系等三种坐标系的选择。选择定常或非定常计算，非定常计算时可采取分段设置时间步长。网格主要采取结构化网格划分方法，可对分块网格进行加密处理，利用 PARSOL 技术对网格质量进行优化，能够较好地捕捉物体的曲面和网格的交点，然后线性连接起来，避免了边界上因结构化网格而产生的阶梯形。划分网格如图 6-6 所示。

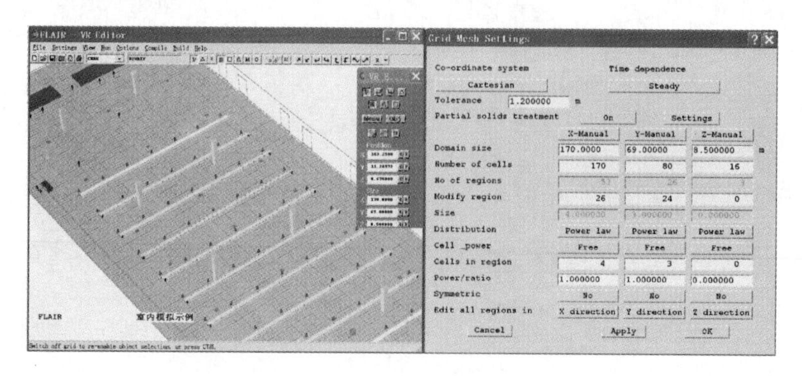

图 6-6 划分网格界面

6.1.2.3　定义模型和流动参数

(1)物性属性的选择。材料的属性包括固体、液体、气体和其他材料选择,可从以下界面选择 PHOENICS 已有的材料属性,如图 6-7 所示。

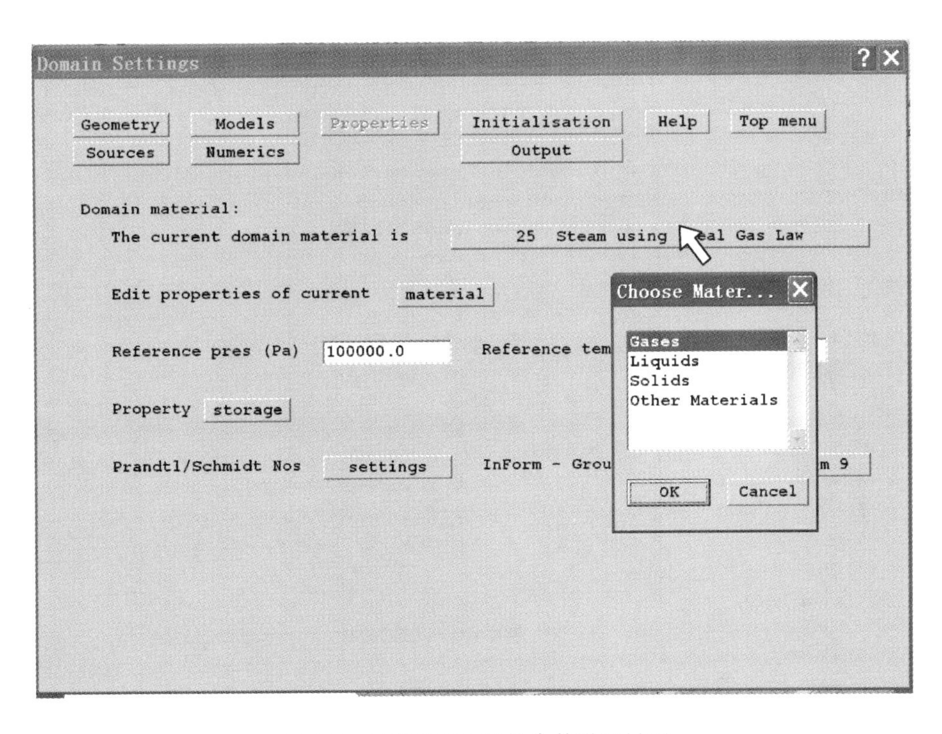

图 6-7　材料选择和物性参数设置界面

(2)边界条件。可选择设置入口、喷嘴、散流器、人体、风速廓线等边界类型,通过属性按钮设置压力、速度、温度、浓度等边界属性参数。如图 6-8 所示。

(3)物理模型的选择。通过区域设置窗的 Models 按钮可对求解方程类型、拉格朗日粒子追踪模型(GENTRA)、能量(温度)方程、湍流模型、辐射模型、烟气浓度、附加求解变量等基本物理模型进行设置。如图 6-9 所示。

6.1.2.4　求解

对方程的离散和求解,设置 Numerics 选项,对计算时间(迭代步数)、收敛参数、松弛子、差分格式、多重网格和收敛加速等进行设置。如图 6-10 所示。

进行初始化,可重新激活上次计算结果作为初始条件计算,也可重新开始计算。当对非定常问题进行求解时,可根据实际情况,设置各个变量的初始值,点击 Apply 确认。也可通过编辑 Inform 设置特定初始条件,如图 6-11 所示。

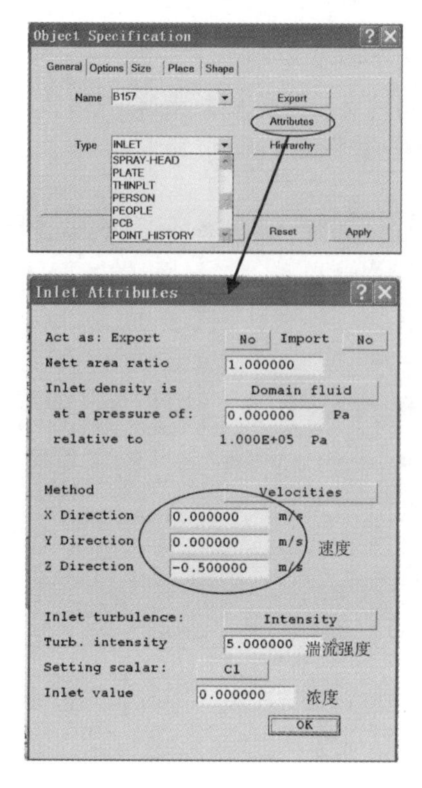

图 6-8　边界条件设置界面

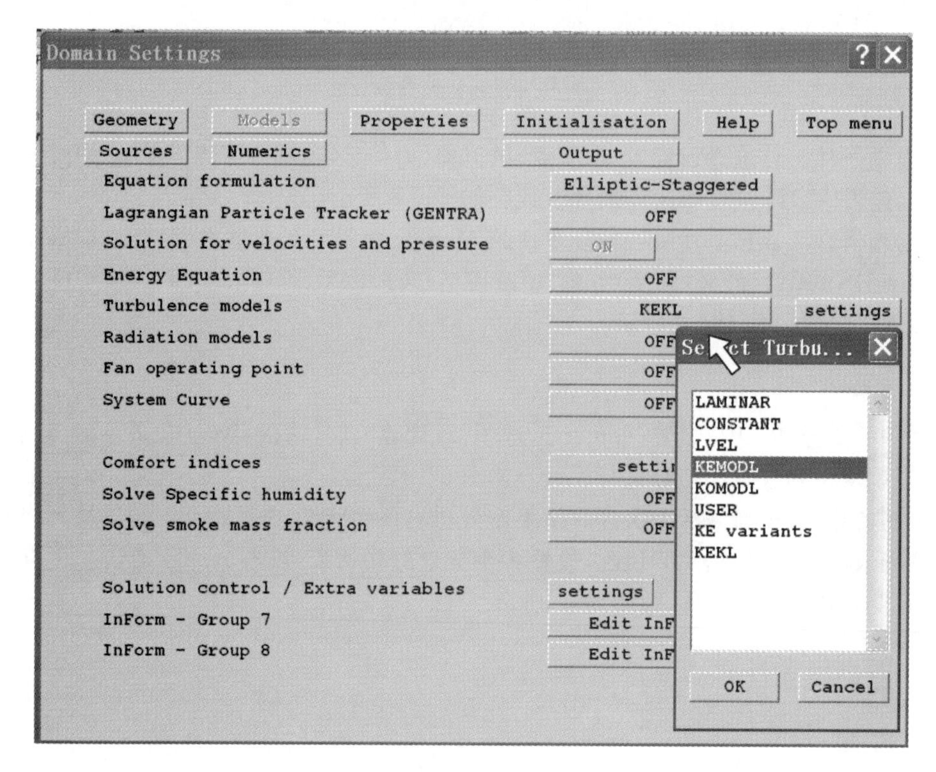

图 6-9　物理模型设置界面

Domain Settings

Geometry　Models　Properties　Initialisation　Help　Top menu

Sources　Numerics　Output

Total number of iterations　2000

Minimum number of iterations　1

Maximum runtime　Unlimited

计算时间控制

Global convergence criterion　0.100000　%　收敛控制

Relaxation control　松弛项　Iteration control　各矢量迭代控制

Limits on Variables　变量溢出限制　Differencing Schemes　差分格式选择

Multi-Grid Accelerator - MIGAL

Edit InForm Group　15　16　17　18

Convergence accelerator for highly compressible flow:

收敛加速

More...　Page Dn　Line Dn

图 6-10　数值格式设置界面

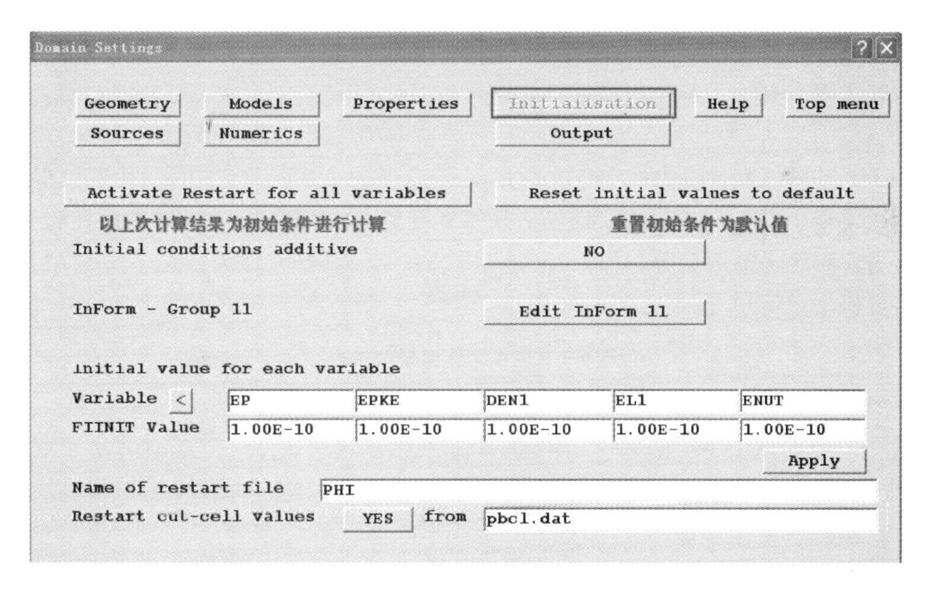

图 6-11　初始化设置界面

6.1.2.5　结果显示

计算前须设置 Output 选项，主要设置监视点的位置，流场速度、传热系数、Mach 数等输出，瞬态求解时各时刻输出数据的存储设置等。如图 6-12 所示。

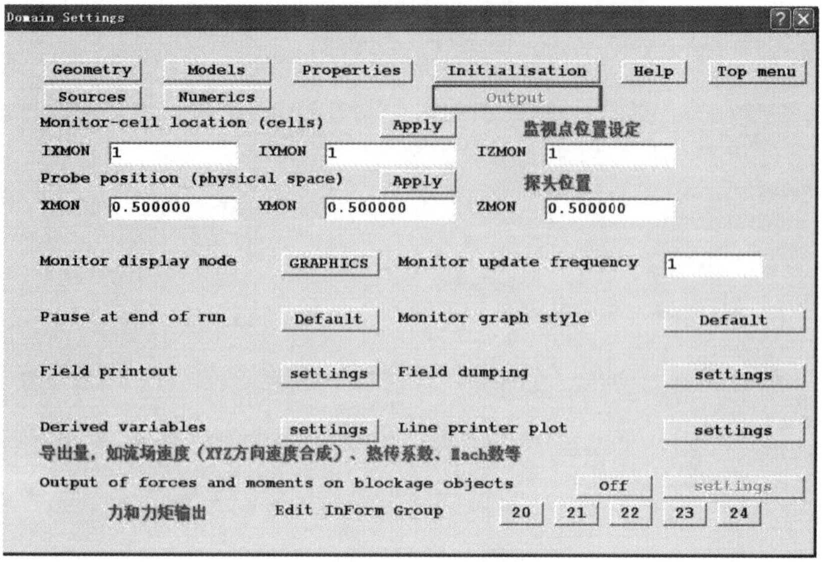

图 6-12　结果显示设置界面

完成各项设置后，进行 Run-Solver 求解。PHOENICS 软件本身自带有后处理功能，能够进行简单的二维/三维可视化图形显示，此外还提供了与专业后处理软件 TECPLOT、FIELD-VIEW 等的软件接口，可利用第三方软件生成文本、图形或视频信息实现与指挥系统的对接。

(1)文本输出

PHOENICS 软件模拟结果以 ASCII 码格式保存在 PHI 文件中，利用记事本能够方便地打开读取，若需要在其他系统使用模拟计算结果时，可以用 C++语言编写数据读写插件，有选择地使用。

PHOENICS 软件默认输出的文本文件变量信息如表 6-2 所示，其中一共可以保存 50 个变量信息，通常最少有 13 个变量，即流场信息基本变量，当模拟有毒物质扩散时还包括浓度等变量，以及用户自定义的剂量等。图 6-13 标识了 PHOENICS 软件输出文本文件中各变量的具体信息，可供用户调用、查询。

表 6-2　文本文件变量信息表

序　号	变　量	变量描述
1	P1	流动相压力
2	P2	颗粒相压力(惰性)
3	U1	流动相 X 方向分速度
4	U2	颗粒相 X 方向分速度
5	V1	流动相 Y 方向分速度
6	V2	颗粒相 Y 方向分速度
7	W1	流动相 Z 方向分速度
8	W2	颗粒相 Z 方向分速度
9	R1	流动相的体积分数
10	R2	颗粒相的体积分数
11	RS	颗粒相 shadow 体积分数

续表

序　号	变　量	变量描述
12	KE	流动相湍流动能
13	EP	流动相湍流动能耗散率
14	H1	流动相的焓
15	H2	颗粒相的焓
16	C1	流动相浓度变量
17	C2	颗粒相浓度变量
18	C3	流动相浓度变量
19	C4	颗粒相浓度变量
⋮	⋮	⋮
48	C33	流动相浓度变量
49	C34	颗粒相浓度变量
50	C35	流动相浓度变量

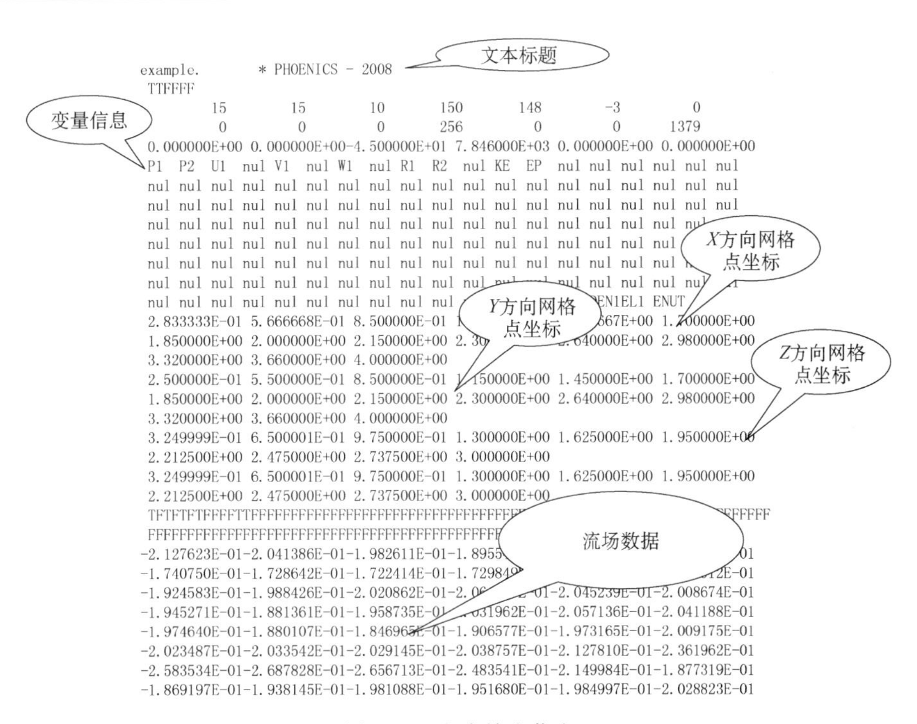

图 6-13　文本输出信息

PHOENICS软件在模拟有毒物质瞬态扩散时，将在用户设定的时刻保存一个文本文件，通过查询该文件即可获得某一时刻的空间流场和物质扩散信息。

(2)图形输出

PHOENICS软件后处理系统包括 VR Viewer、Photon 和 Autoplot 三个功能模块，VR Viewer是友好的三维图形处理界面，可将模拟运算结果以截面图、物体表面图、矢量图、等值面图、流线图及变量直线分布图等形式，直观再现流场的运动和扩散信息。所有处理结果图片均可保存为 gif、pcx、bmp、jpg 等格式。后处理图形用户界面如图 6-14 所示。

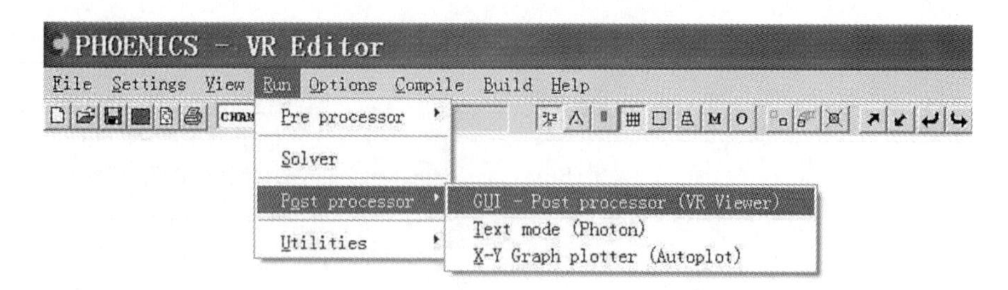

图 6-14　后处理图形用户界面的打开方式

PHOTON(PHOENICS OuTput optiON)是基于 Fortran 语言编写的对话式图标输出程序模块，可用于显示 PHOENICS 软件模拟结果或其他模拟软件平台输出的 PHOENICS 格式文件，适用于笛卡儿直角坐标系、极坐标或贴体坐标系网格系统。PHOTON 主要用于读取 PHI(或 PHIDA)文件，可绘制计算域网格、矢量场、标量等值线、流线和粒子迹线等图像信息，还可以添加文本注释、喷涂物体颜色等，其图片处理结果可保存为 pcx 或 gif 图形格式。

AUTOPLOT 图形编辑界面与 PHOTON 界面近似，主要用于绘制不同变量的 *X-Y* 曲线对比图。可以调整图形的比例、位置、标注等，也可用于绘制其他可识别格式的数据。图形处理过程中，可对数据进行加、减、乘、除及取对数等操作，可访问 PHOENICS 的 PHIDA 和 XYZDA 文件，也可访问用户自建文件，便于将模拟结果与实验结果或其他分析结果数据进行比对。

(3)视频输出

利用 PHOENICS 后处理 VR Viewer 界面的动画或录制动画功能可以直接生成视频流文件。动画功能主要针对瞬态模拟结果，设置开始时间步、停止时间步以及每保存一帧的时间间隔步，系统将自动生成设定变量随时间变化的 avi 格式的视频文件。而录制动画功能(Record animation)可以手动设置视频文件的关键帧图像，保存为 avi 格式的视频文件。除此之外，用户还可利用 PHOTON 生成单一的 gif 格式图片，用其他动画视频软件将图片打包生成标准格式视频文件。视频属性设置如图 6-15 所示。

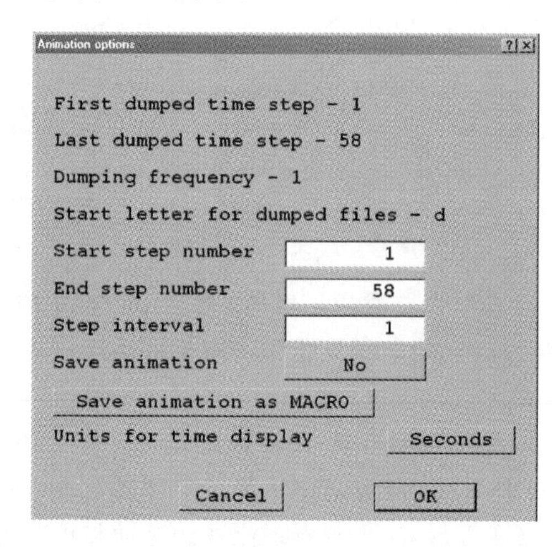

图 6-15　视频属性设置

6.1.3　应用示例

6.1.3.1　室内热环境模拟

如图 6-16 所示，对 10 m×15 m×3 m 的电脑房间进行室内热环境模拟，房间中央顶部有一个圆形散流器，直径为 0.3 m，送风温度为 20℃，体积流量为 0.5 m^3/s，湍流强度为 5%，有效面积为 0.035 m^2。设置办公桌及计算机 10 套，每台计算机散热量为 50 W，门作为自然出口边界。

温度模拟结果如图 6-17(彩插)所示，由于送风口的作用，中心区温度差别不大，而右侧与门附近相差 0.6℃，平均温度为 21.8℃。

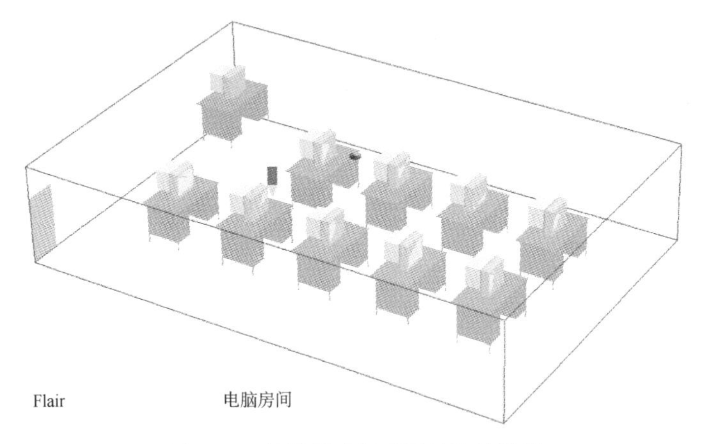

图 6-16　计算机房间模型结构示意图

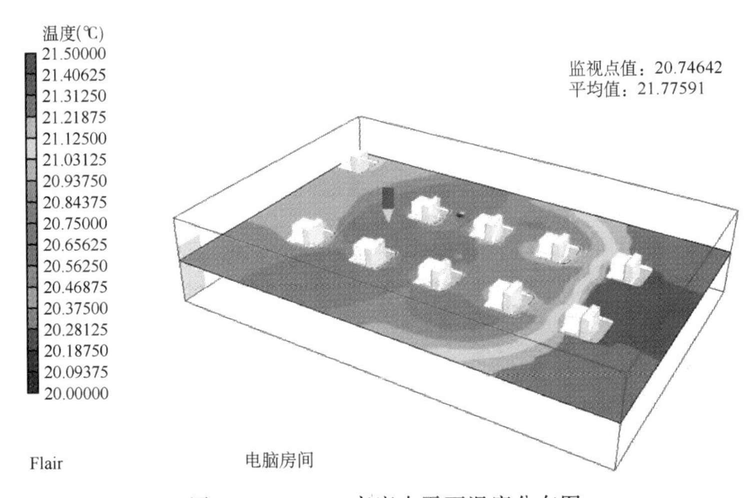

图 6-17　1.5 m 高度水平面温度分布图

6.1.3.2　某小区风环境及污染物泄漏模拟

某小区卫星示意图如图 6-18 所示，利用 CAD 建立各建筑群的模型，导入 PHOENCIS 软件，对南风时小区的风环境进行了模拟，计算区域尺寸为 1600 m×1200 m×300 m。风场模拟结果如图 6-19(彩插)所示。

污染物为瞬时源，采取瞬态计算方法，图 6-20（彩插）分别给出了污染物释放后 60 s 和 120 s 时的浓度分布图，红色代表高浓度，蓝色代表低浓度。可见，随着时间推移，污染扩散影响的面积越来越大，且向北扩散。

图 6-18　某小区卫星示意图

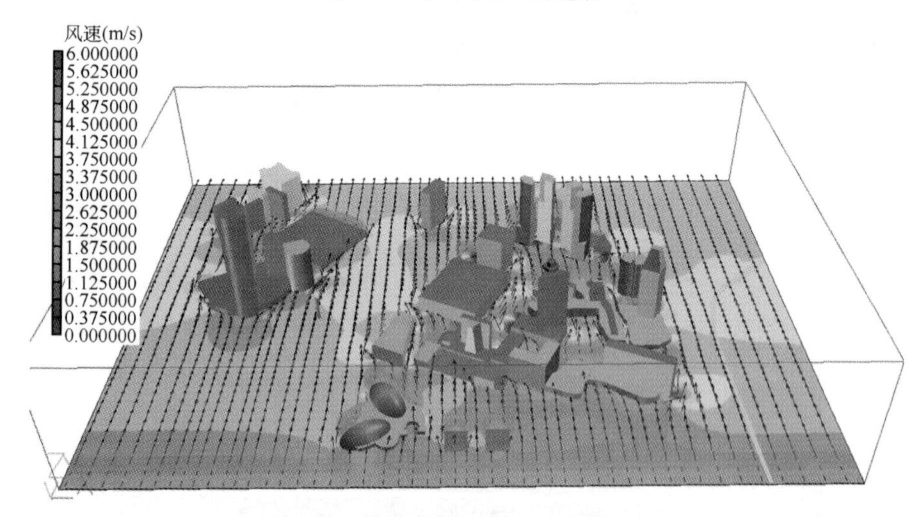

图 6-19　某小区风场模拟结果

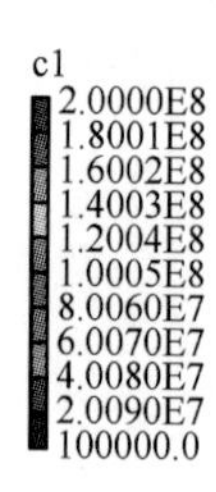

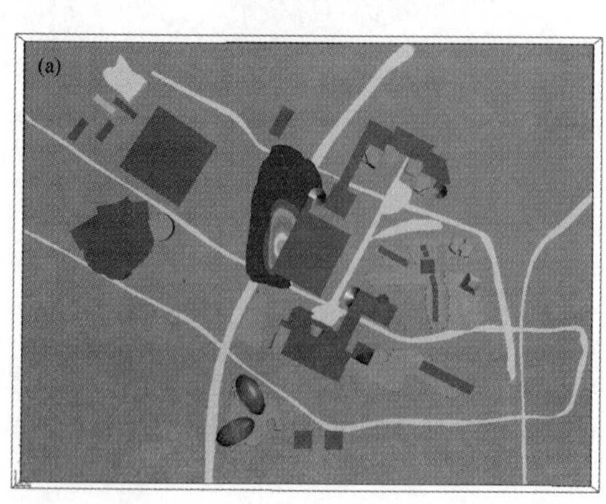

时间：60 s
监视点值：8638.589
平均值：555452.9

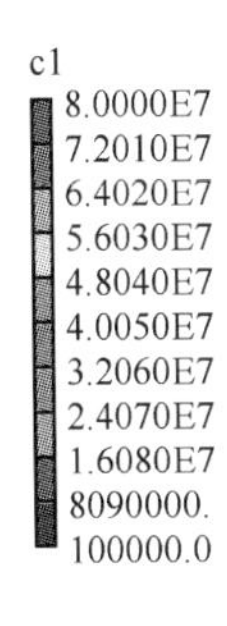

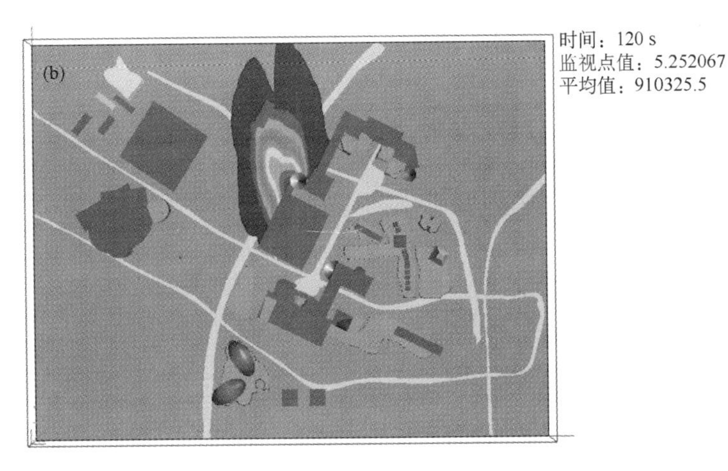

图 6-20　某小区污染物扩散模拟结果(a)60 s;(b)120 s

6.1.3.3　报告厅微生物粒子扩散的数值模拟

某报告厅长 18 m、宽 16 m、高 6 m，最多可容纳 275 人，模拟中假设室内有 117 人，相互之间空一个位置就坐，如图 6-21 所示。空调送风口共 5 个，后壁两个分别位于两侧，前壁正中央一个，另两个分别位于前方两侧壁上，面积为 $2.6\times1.3\ m^2$，送风量为 550 L/s，温度为 19℃。回风口位于顶壁四周，宽 0.05 m。壁面温度为 22℃，地面温度为 21℃，顶壁温度为 24℃，人员人均释放热量为 80 W。

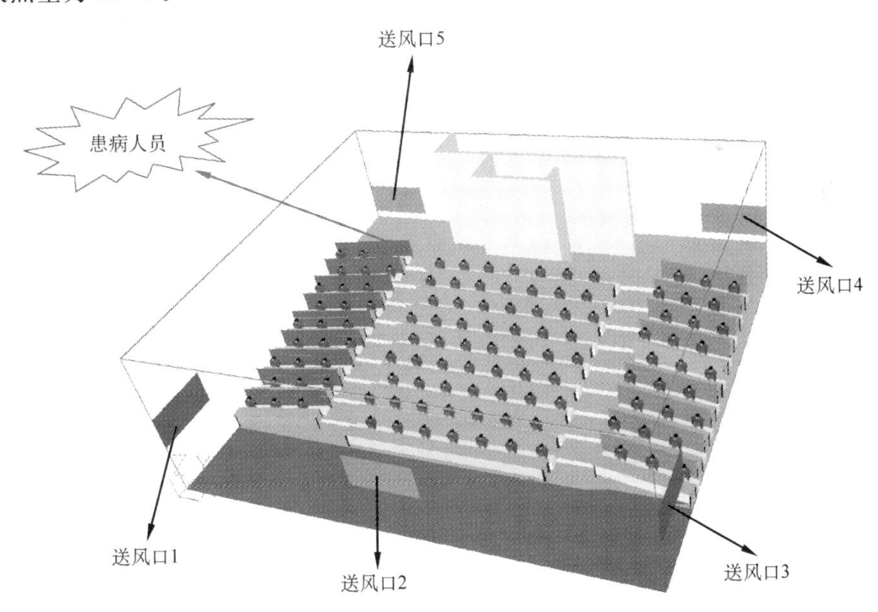

图 6-21　报告厅示意图

假设有一患病人员最后一个入场，坐于最后一排，根据文献，患病人员呼出微生物病毒浓度为 $1.3\times10^7\ cfu/m^3$，人员呼吸量为 $0.02\ m^3/min$。由于患者感到身体不适，入场 5 min 后退出。忽略患者进出场时的影响，模拟了患病人员所产生的微生物颗粒物在室内的扩散分布。

图 6-22(彩插)和图 6-23(彩插)模拟给出了报告厅不同截面的气流运动分布,报告厅的空调通风系统主要考虑人员的热舒性,送风气流进入室内后会下沉,前后送风口气流相遇后,在人员释放热量的浮力作用下向上运动(速度为 0.12 m/s),分别在前后形成逆时针和顺时针的回流区,如图 6-22 所示。送风口 2 对报告厅中央区气流运动起关键性作用,上升气流速度达到 0.15 m/s。

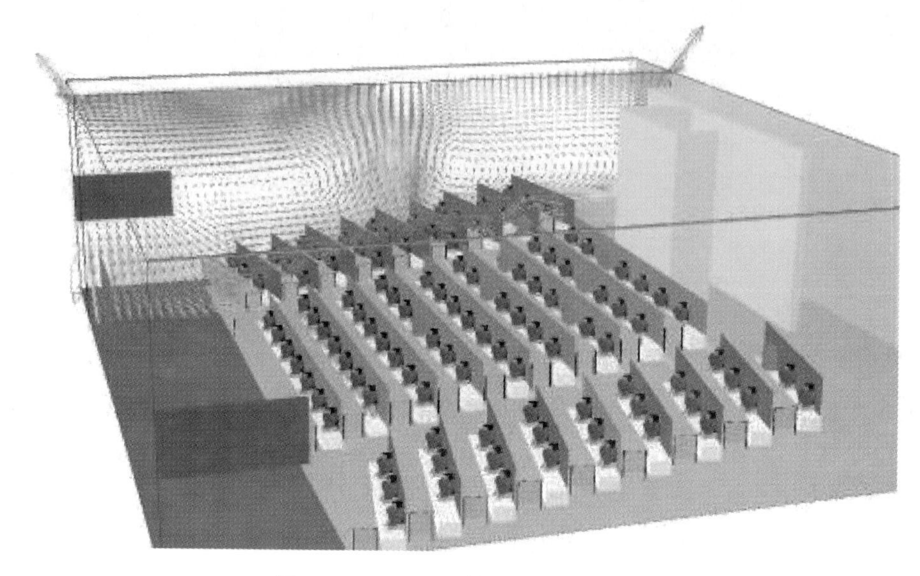

图 6-22　$x=3$ m 截面气流运动分布

图 6-23　$z=3$ m 截面气流运动分布

采用 Lagrangian 随机轨道模型模拟了患者产生的微生物颗粒的扩散,图 6-24(彩插)给出了不同时刻 100 cfu/m^3 的浓度等值面分布规律。除了少量大颗粒粒子受重力沉降以外,大部分平均粒径为 1 μm 的粒子具有较好的跟随性,随气流运动方向扩散,在报告中央大部分粒子上浮,在报告厅内散布开,对报告厅的全体人员构成威胁。随着患者的离开和部分粒子经回风口排出,10 min 后,粒子浓度明显降低,但其传播路径越远,分布越均匀,影响范围可能越大。

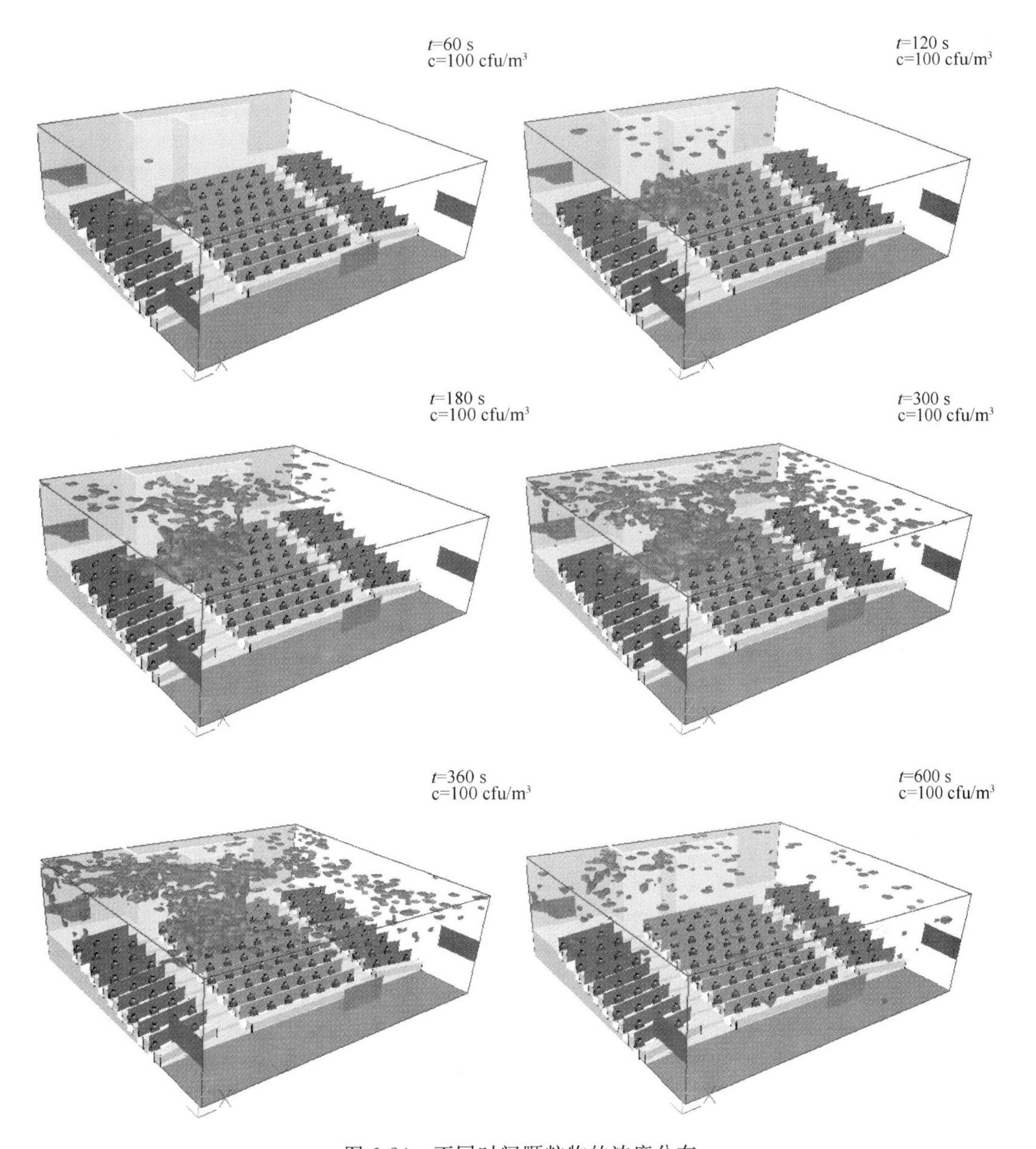

图 6-24　不同时间颗粒物的浓度分布

在患者前方，监视了 8 个点的浓度随时间分布情况（图 6-25），P1 点离患者最近，受染浓度最大，在 0.5～5 min 期间的平均受染浓度为 1631 cfu/m^3。P2、P4、P5 三点的受染浓度次之；5 min之前，P6、P7 和 P8 位置还未受感染。各监测点受染剂量随时间的变化曲线如图 6-26～图 6-28 所示，假设该微生物病毒的受染量为 10～100 个病毒，5 min 后 P1、P2、P3、P4、P5 位置均达到或超过感染量，其中，P3 点剂量最低，为 22 cfu；而 15 min 时，所有监视点的剂量均大于 15 cfu，说明其位置人员均可能受染。

图 6-25　模拟监视点分布

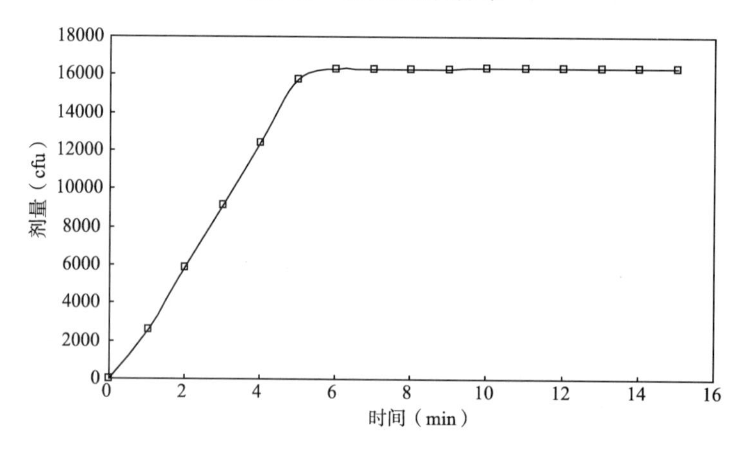

图 6-26　P1 点剂量随时间变化曲线

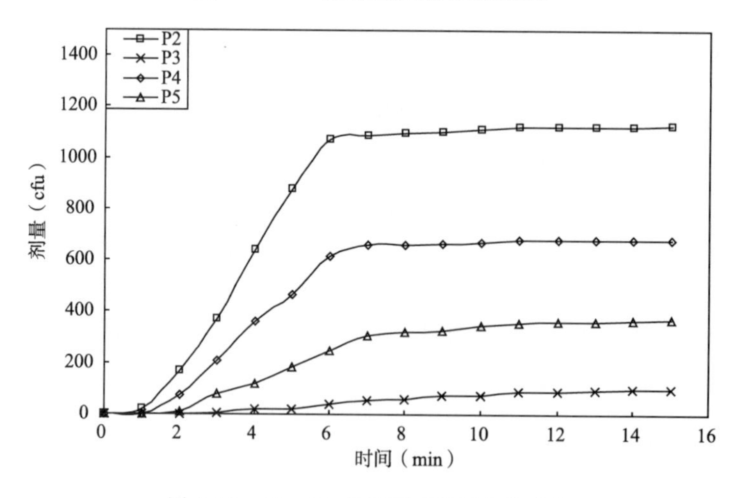

图 6-27　P2～P5 点剂量随时间变化曲线

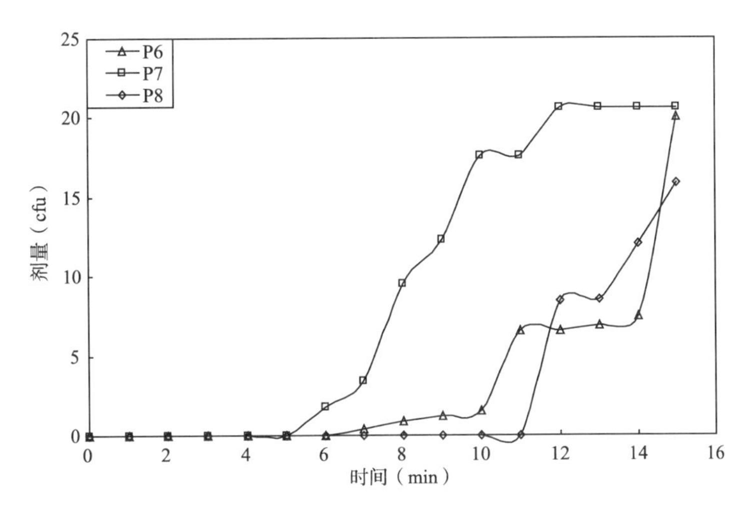

图 6-28　P6～P8 点剂量随时间变化曲线

6.2　FLUENT 软件

6.2.1　概述

FLUENT 软件在美国市场占有率达到 60%，是目前流行的一款 CFD 软件，可用于计算复杂几何条件下流动和传热问题。FLUENT 软件从用户需求角度出发，针对各种复杂流动的物理现象，采用不同的离散格式和数值方法，以期在特定的领域内使计算速度、稳定性和精度等方面达到最佳组合，从而高效率地解决各个领域的复杂流动计算问题。基于上述思想，FLUENT 开发了适用于各个领域的流动模拟软件，这些软件能够模拟流体流动、传热传质、化学反应和其他复杂的物理现象，软件之间采用了统一的网格生成技术及共同的图形界面，而各软件之间的区别仅在于应用的工业背景不同，因此大大方便了用户使用。FLUENT 程序软件包应该包括：FLUENT 求解器；prePDF，用于模拟 PDF 燃烧过程；GAMBIT，用于网格生成；TGrid，用于从现有的边界网格生成体网格；过滤器，用于转换其他程序生成的网格文件，变为 FLUENT 识别的网格文件。程序结构如图 6-29 所示。此外，FLUENT 软件还有与 ANSYS、I-DEAS、NASTRAN、PATRAN 等程序的接口。

FLUENT 可以计算的流动类型包括：采用三角形、四边形、四面体、六面体及其混合网格计算二维和三维流动问题(网格可以自适应)；可压缩与不可压缩流动问题；稳态和瞬态流动问题；无黏流、层流及湍流问题；牛顿流体及非牛顿流体；对流换热问题(包括自然对流和混合对流)；导热与对流换热耦合问题；辐射换热；惯性坐标系和非惯性坐标系下的流动问题模拟；多运动坐标系下的流动问题；化学组分混合与反应；可以处理热量、质量、动量和化学组分的源项；用 Lagrangian 轨道模型模拟稀疏相(颗粒、水滴、气泡等)；多孔介质流动；一维风扇、热交换器性能计算；两相流问题及复杂表面形状下的自由面流动等。GAMBIT 主程序窗口如图 6-30所示，FLUENT 程序界面如图 6-31 所示。

利用 FLUENT 进行模拟计算需要首先建立几何模型，生成网格文件。通常可在 GAM-

BIT 中建立模型进行网格划分，也可以由其他 CAD 软件完成造型工作，再导入 GAMBIT 生成网格，还可以用其他网格生成软件生成与 FLUENT 兼容的网格用 FLUENT 计算。可以用于造型工作的 CAD 软件包括 I-DEAS、Pro/E、SolidWorks、Solidedge 等。除了 GAMBIT 外，可以生成 FLUENT 可识别网格的专用网格生成软件包括 ICEMCFD、GridGen 等。在此，仅仅对 FLUENT 的模拟过程作简要介绍，关于网格生成，建议读者参阅相关帮助文件或其他相关教材。

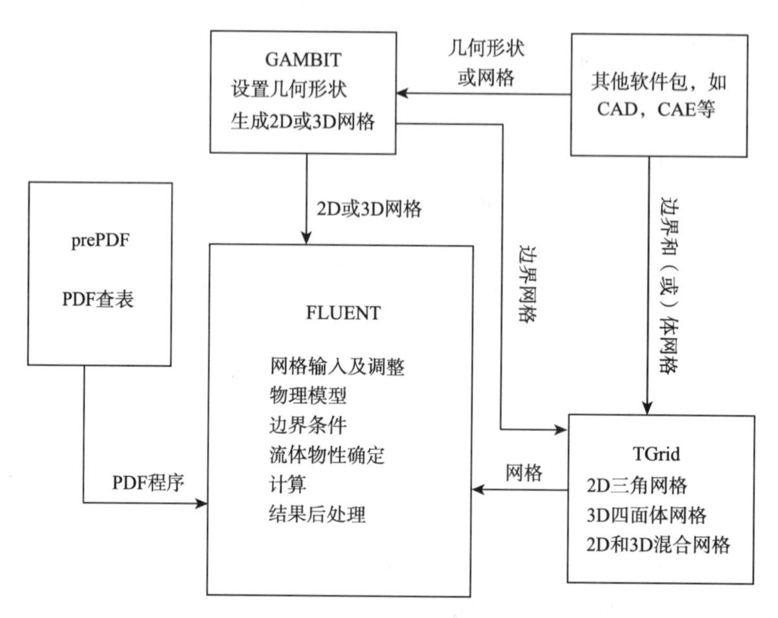

图 6-29　FLUENT 软件的程序结构示意图

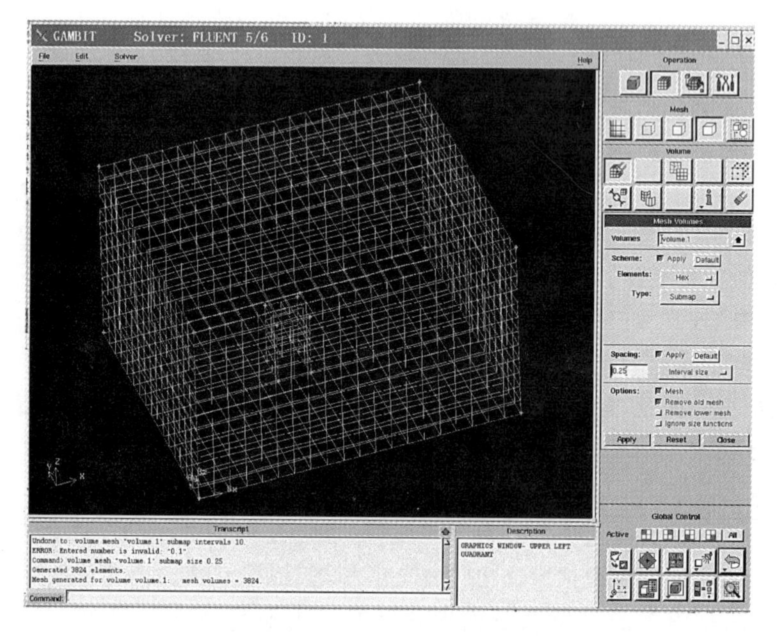

图 6-30　GAMBIT 程序主界面

```
FLUENT [3d, segregated, rngke]
File Grid Define Solve Adapt Surface Display Plot Report Parallel Help
Error: Error reading "d:\cfd cases\fluentwork\source\PSOURCE2-8.cas".
Error Object: #f
Reading "D:\CFD cases\fluentwork\Tianjin\updown-TRNG.cas"...
   43056 hexahedral cells, zone  2, binary.
    1872 quadrilateral wall faces, zone  3, binary.
    1728 quadrilateral wall faces, zone 15, binary.
    1196 quadrilateral wall faces, zone 14, binary.
     828 quadrilateral wall faces, zone 13, binary.
     774 quadrilateral wall faces, zone 12, binary.
    1196 quadrilateral wall faces, zone 10, binary.
      27 quadrilateral pressure-outlet faces, zone  4, binary.
      27 quadrilateral pressure-outlet faces, zone  5, binary.
      36 quadrilateral wall faces, zone  6, binary.
      36 quadrilateral wall faces, zone  7, binary.
      36 quadrilateral velocity-inlet faces, zone  8, binary.
      36 quadrilateral velocity-inlet faces, zone  9, binary.
  125272 quadrilateral interior faces, zone 11, binary.
   47064 nodes, binary.
   47064 node flags, binary.

Building...
     grid,
     materials,
     interface,
     domains,
        mixture
     zones,
        default-interior
        inlet1
        inlet2
        out1
        out2
        wall
        inlet4
        inlet3
        wall:015
        wall:014
        wall:013
        wall:012
        wall:010
        lab
     shell conduction zones,
Done.
```

图 6-31　FLUENT 程序主界面

6.2.2　建模计算过程

6.2.2.1　读入网格文件

在 FLUENT 软件的菜单 File 中可以读入 GAMBIT 网格或文件，也可采用 Import 功能导入其他网格文件，如图 6-32 所示。读入文件后，在主窗口中会显示网格或算例的相关信息，包括区域尺寸、网格数等。

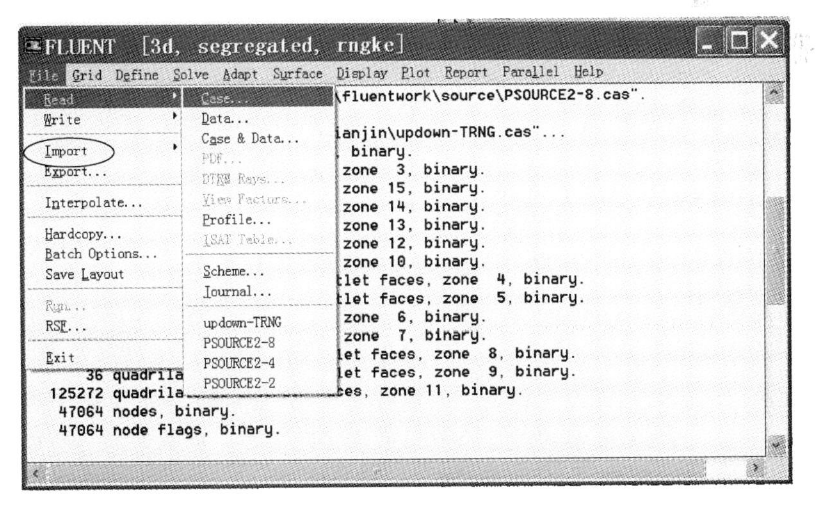

图 6-32　FLUENT 读入网格或文件界面

读入网格后，FLUENT 软件提供了网格检查、合并、分割、融合，以及缩放、移动、旋转和平滑/交换处理等功能，如图 6-33 所示。对网格进行平滑处理，可以提高网格质量，提高计算精度，反复点击 Smooth 按钮和 Swap 按钮，直到报告中被交换的网格数量降低到零时，网格平滑处理过程结束。处理完网格后，可用 Display 网格功能显示网格情况。

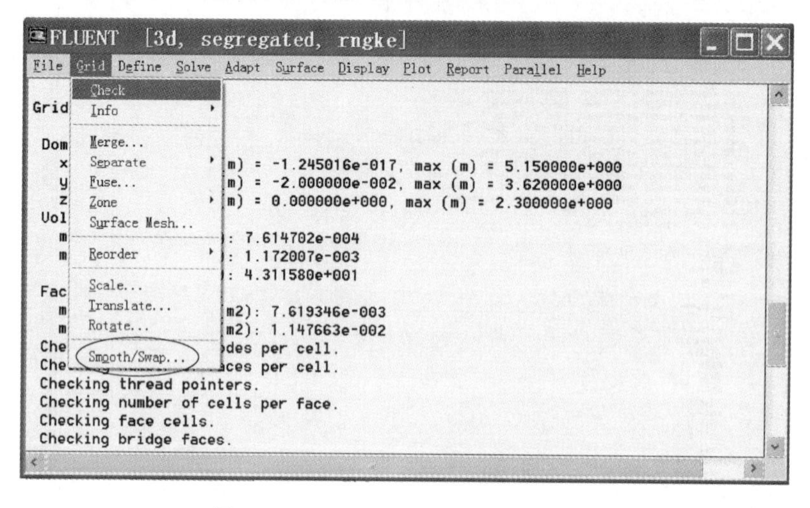

图 6-33　FLUENT 网格处理菜单界面

6.2.2.2　定义边界和模型

(1)设置求解器

打开 Define→Models→Solve……求解器默认设置如图 6-34 所示。默认为稳态计算，当计算非稳态问题时，需选择 Unsteady 按钮。

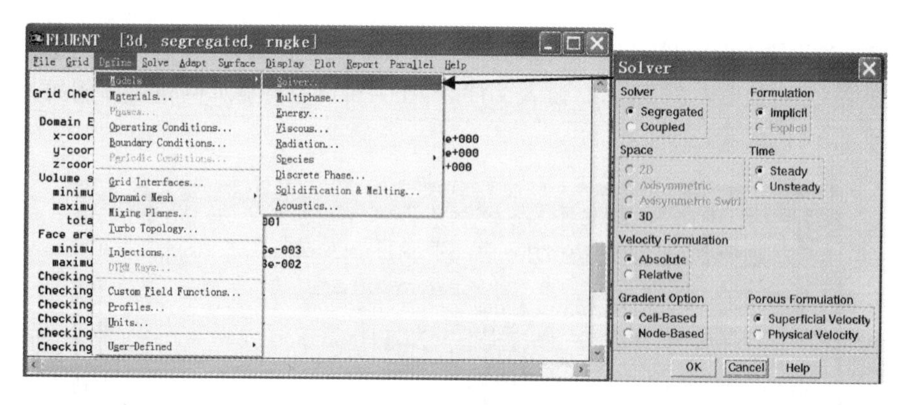

图 6-34　求解器设置窗界面

(2)设置湍流模型

FLUENT 软件提供了无黏流、层流、一方程模型、二方程模型、雷诺应力模型及大涡模型等黏性模型，以及壁面函数处理方法和热浮力效应选项，如图 6-35 所示。对于湍流模型，可通过模型常数输入栏，对部分模型参数进行修改以适应实际需要。模型越复杂计算时间越长，有时未必能提高计算精度。

(3)设置物性参数

计算区域流体的物性参数可从 Fluent Database 中查找，也可进行自定义。其主要参数包括密度、定压比热容、导热系数、黏度、热膨胀系数等。设置完成后须点击 Change/Create 按钮确认，其界面如图 6-36 所示。

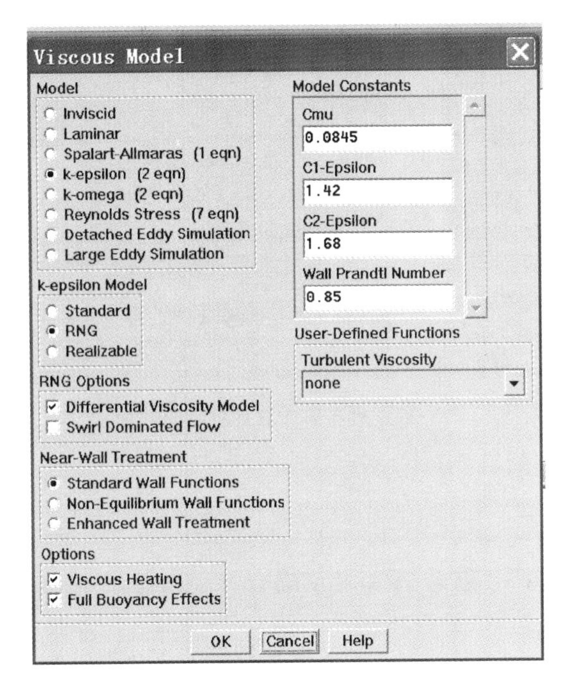

图 6-35　Viscous Model 设置对话框界面

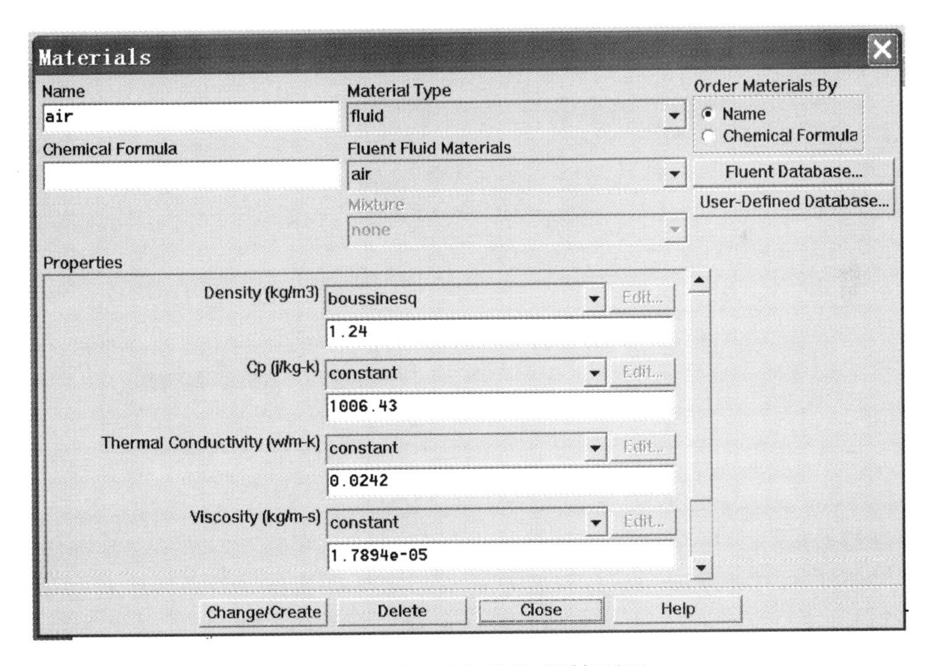

图 6-36　Materials 设置对话框界面

(4)设置边界条件

原则上对模型内的所有边界都须按实际设置边界条件，但 FLUENT 软件对壁面边界默认为绝热边界，当不考虑壁面边界时，可保持默认设置。对于其他边界须根据实际进行设置。图 6-37 给出了入口边界条件的设置，入口边界的流动参数数值一般为常数，也可利用自定义函数(UDF)输入特定边界条件。

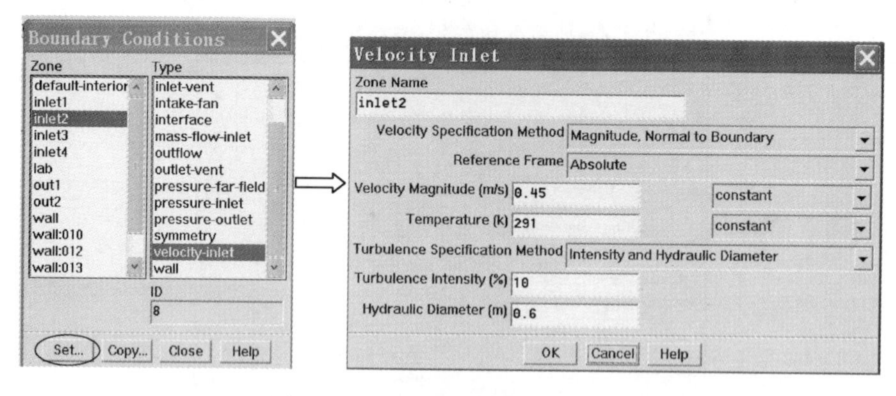

图 6-37　边界条件设置对话框界面

6.2.2.3　求解

(1)求解控制

求解控制设置包括选择方程组、压力速度耦合算法选择(SIMPLE,SIMPLEC,PISO)、设置亚松弛因子及离散格式等,如图 6-38 所示。FLUENT 6.2 版本提供了 5 种离散格式,包括一阶迎风格式、二阶迎风格式、Power-Law 格式、QUICK 格式和三阶 MUSCL 格式,应根据需要选择离散格式,以保证计算的精度和效率。如果保持默认设置,单击 OK 按钮关闭对话框。

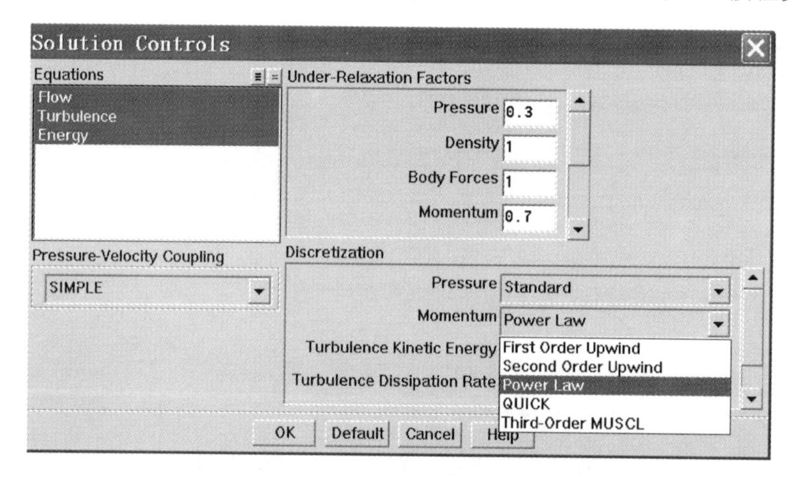

图 6-38　求解控制(Solution)设置对话框界面

(2)流场初始化

如图 6-39 所示,打开求解初始化设置对话框。通常可选择入口条件进行初始化,点击 Computer From 下拉菜单选择;也可手动设置各求解变量的初始值,如设置 Z 方向速度分量为-0.22 m/s(负号表示速度方向,与 Z 轴方向相反)。设置完毕后,点击 Init 按钮开始初始化,最后点击 Close 按钮关闭初始化面板。

(3)残差监视

打开残差监视器设置(Residual Monitors)对话框,如图 6-40 所示,监视器输出方式在选项组中选择,Print 表示在 FLUENT 控制台窗口中打印输出,Plot 表示在图形窗口以残差曲线的形式输出;修改收敛判据,保持默认设置,单击 OK 按钮关闭对话框。

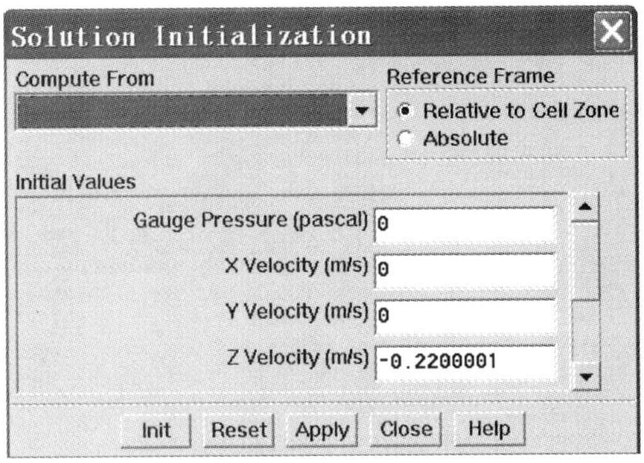

图 6-39　初始化面板界面

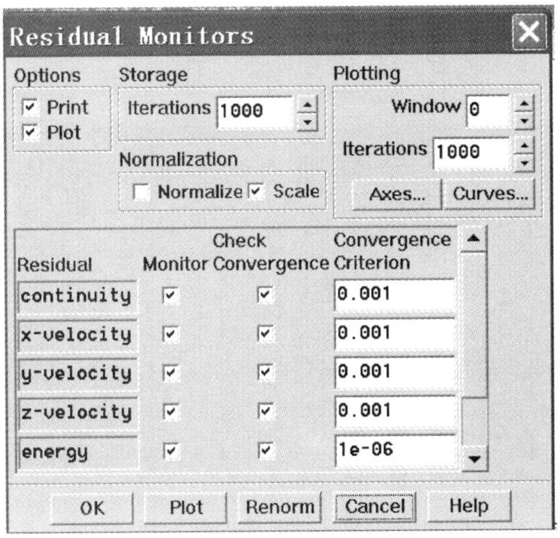

图 6-40　残差监视器设置对话框界面

为了更好地判断计算收敛，须对所关心的截面上的物理量进行监视(如速度曲线图)。打开表面监视器(Surface Monitors)对话框，设置监视数目增加为 1，选择 Plot、Print、Write 选项，单击 Monitor-1 右侧的 Define 按钮，出现表面监视器定义对话框，在 Report of 选项组中选择需要监视的物理量，在 Surface 选项组中选择监视的表面；在 Report Type 下拉列表框中面积平均；单击 OK 按钮；单击 Surface Monitors 对话框中的 OK 按钮。

(4)保存算例文件

利用文件 Write 命令，保存设置好的算例。当采取瞬态计算时，可设置自动保存对话框，对计算过程中的算例和结果进行自动保存，如图 6-41 所示。

(5)迭代计算

打开迭代(Iterate)参数设置对话框，设置迭代次数(Number of Iterations)，单击 Iterate 按钮开始计算，残差及速度监视曲线如图 6-42 所示。计算完成后保存 Data 文件。

6.2.2.4　结果显示

FLUENT 提供了物理变量云图、矢量图、曲线图等计算结果显示。如图 6-43(彩插)、图 6-44所示。

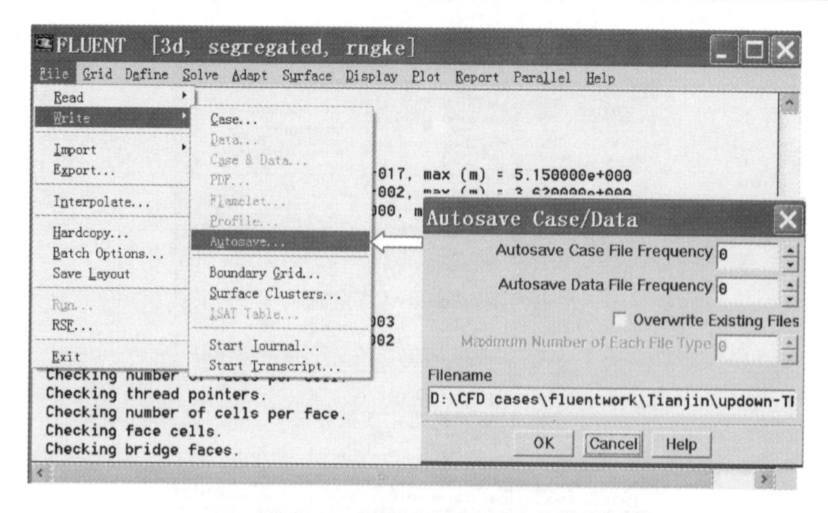

图 6-41　保存设置对话框界面

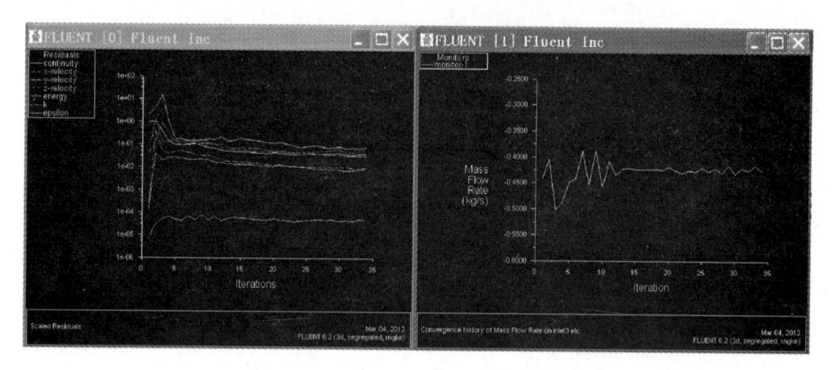

图 6-42　残差及速度曲线图界面

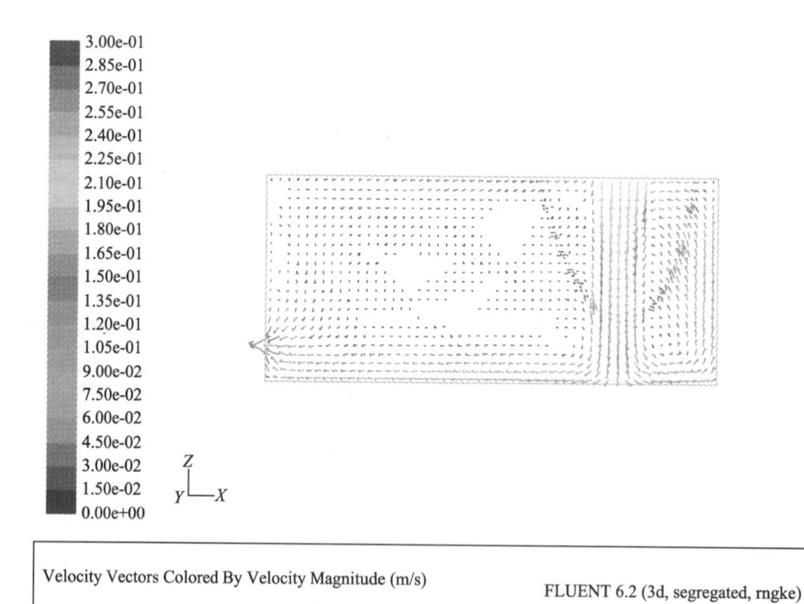

图 6-43　速度矢量图

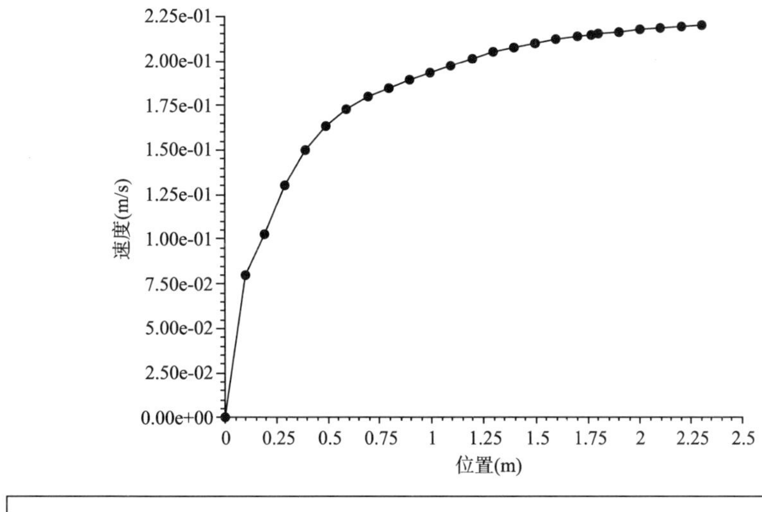

Velocity Magnitude　　FLUENT 6.2 (3d, segregated, rngke)

图 6-44　速度变化曲线

6.2.2.5　关于自定义函数

用户自定义函数(User-Defined Functions,即 UDFs),是用户自编的程序,可以被动态地连接到 FLUENT 求解器提高求解器性能。它用 C 语言编写,有两种执行方式:interpreted 型和 compiled 型。Interpreted 型比较容易使用,但是可使用代码(C 语言的函数等)和运行速度有限制。Compiled 型运行速度快,没有代码使用范围的限制,但使用略为繁琐。使用 UDFs 可定义:边界条件、源项、物性定义(比热除外)、表面和体积反应速率、用户自定义标量输运方程、离散相模型(如体积力、拉力、源项等)、代数滑流(algebraic slip)混合物模型(滑流速度和微粒尺寸)、变量初始化、壁面热流量和使用用户自定义标量后处理等。如边界条件 UDFs 能够产生依赖于时间、位移和流场变量相关的边界条件,可以定义依赖于流动时间的 x 方向的速度入口,或定义依赖于位置的温度边界,边界条件 UDFs 用宏 DEFINE_PROFILE 定义;源项 UDFs 可以定义除了 DO 辐射模型之外的任意输运方程的源项,用宏 DEFINE_SOURCE 定义;物性 UDFs 可用来定义物质的物理性质,用宏 DEFINE_PROPERTY 定义;离散相模型用宏 DEFINE_DPM 定义相关参数。

(1)书写 UDFs 的基本步骤

在使用 UDFs 处理 FLUENT 模型的过程中,我们一般按照下面 5 步进行:概念上函数设计,分析所处理的模型,得到 UDF 的数学表达式;将数学表达式转化成 C 语言源代码;编译调试 C 语言源代码;在 FLUENT 中执行 UDF;分析与比较结果,如果不满足要求,则需要重复上面的步骤,直到与我们期望的吻合为止。下面以计算浓时积(剂量)为例,其 UDF 函数如下:

剂量场计算的用户自定义函数

```
/*********************************************************************
UDF for Dose
*********************************************************************/
```

```
#include "udf.h"
int number = 1000; /* concentration translation rate */
int min = 60;
/* User-defined scalars */
enum
{
Dose,
N_REQUIRED_UDS
};

DEFINE_ADJUST(dose_difine, d)
{
Thread *t;
cell_t c;
Domain *d;
/* define dose. */
d = Get_Domain(1);    /* mixture domain if multiphase */
thread_loop_c(t,d)
{
begin_c_loop(c,t)
C_UDSI(c,t,0) += number * C_YI(c,t,0) * CURRENT_TIMESTEP * C_R(c,
t)/min;
end_c_loop(c,t)
}
}
```

(2)Interpreted 型与 Compiled 型比较

Compiled UDFs 执行的是机器语言,与 FLUENT 本身运行的方式是一样。运行时,“dynamic loading”的过程将目标代码库与 FLUENT 连接,一旦连接之后,连接关系就会在 case 文件中与目标代码库一起保存,读入 case 文件时,FLUENT 就会自动加载与目标代码库的连接。这种库的建立是基于特定计算机和特定 FLUENT 版本的,所以升级 FLUENT 版本后,就必须重新建立相应的库。

相反,Interpreted UDFs 是在运行的时候直接装载编译 C 语言代码的。在这种情况下,生成的机器代码不依赖于计算机和 FLUENT 版本。编译后,函数信息将会保存在 case 文件中,所以读入 case 文件时,FLUENT 也会自动加载相应的函数。Interpreted UDFs 具有较强的可移植性,而且编译比较简单。对于简单的 UDFs,如果对运行速度要求不高,一般就采用 Interpreted 型。

6.2.3　应用示例

6.2.3.1　地铁列车内 GB 扩散的数值模拟

这里以城市地铁列车单节车厢内部被投放沙林毒剂(GB)为例,模拟通风条件下车厢内部的流场、沙林浓度场及不同时间的剂量场分布情况。为了减少计算量,简化模型,这里仅考虑车厢内部无人员活动的情况。

地铁列车内部结构简化模型如图 6-45 所示,列车内部长 18.8 m,宽 2.9 m,高 2.8 m,座椅靠两侧车厢壁面,忽略扶手杆的影响。列车两侧各有三扇车门,高 1.75 m,宽 1.5 m;两端分别有一扇门与相邻车厢相通,平时通常关闭。列车内部主要是通过车厢顶部 6 个风扇送风,送风速度为 0.5 m/s,方向垂直向下。由于实际车厢内无排风口,靠漏风排风。模型中以两侧车门下方长条形狭缝作为排风口,单节列车车厢的全视图如图 6-46 所示。

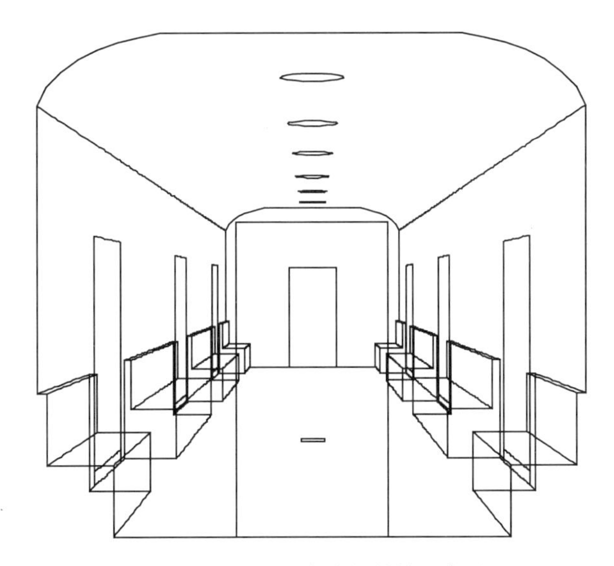

图 6-45　地铁列车内部结构示意图

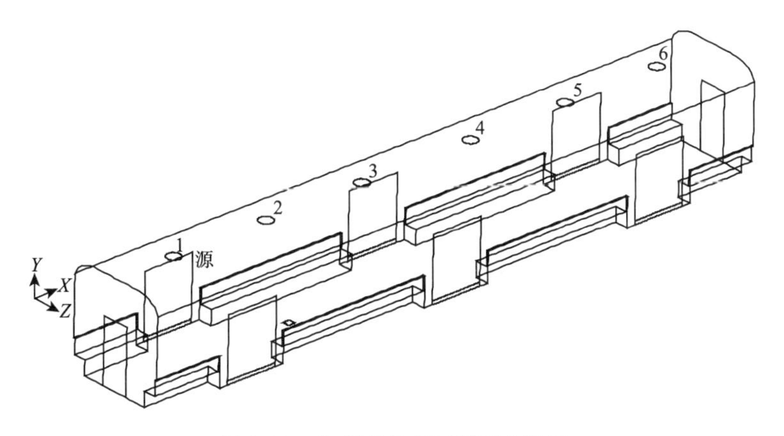

图 6-46　单节列车车厢模型全视图

(1)边界条件

该模型采用的边界条件分别为：

①源：以自然蒸发方式向车厢内释放，释放位置为(5.5，0，1.45)，面积为 0.2 m×0.2 m，20℃时，蒸发速度为 5.436×10^{-6} kg/s，整个模拟过程假设其为常数。

②入口：送风扇的送风速度方向为 y 轴负方向，即 $u=0$，$v=-0.5$ m/s，$w=0$；温度为 20℃；湍流动能和耗散率的计算见第 3 章；GB 蒸汽初始浓度为零。

③出口：采用自由出口边界条件，即各流动参量在出口法向梯度为零。

④壁面：车厢壁面和座椅表面采用标准壁面函数法处理，同时作等温壁面处理，温度为 15℃。

(2)数值求解过程

对该列车内部计算域的离散采用四面体非结构网格划分方法，边界线网格间距为 0.15 m，总网格数为 669534 个。采用 RNG k-ε 湍流模型模拟列车内部的流场，对浓度场分别采用稳态和非稳态两种方法进行模拟，前者用于分析列车内部的污染物的分布特征，后者用于计算不同时间所对应的剂量场。对控制方程对流项的离散选用 Power Law 格式，扩散项采用中心差分格式，并采用 SIMPLE 算法进行计算，压力亚松弛系数为 0.5。

(3)结果与讨论

对 6 个送风扇同开启时的列车内部气流运动进行了模拟。图 6-47 为 $z=1.45$ m 左半截面的气流运动矢量图和速度大小等值线分布图，对应于 1、2 和 3 号送风扇下方的流场。由于送风口和排风口设置及列车内部结构的对称性，左、右半平面的气流运动近似对称，故这里仅给出了左半平面的速度矢量场和等值线分布图。图 6-48 为 $x=7.7$ m 截面的气流速度矢量图和 z 方向的速度等值线分布图，对应于 3 号送风扇下方纵向截面的流场。图 6-49 给出了 6 个送风扇送风气流的流线图。

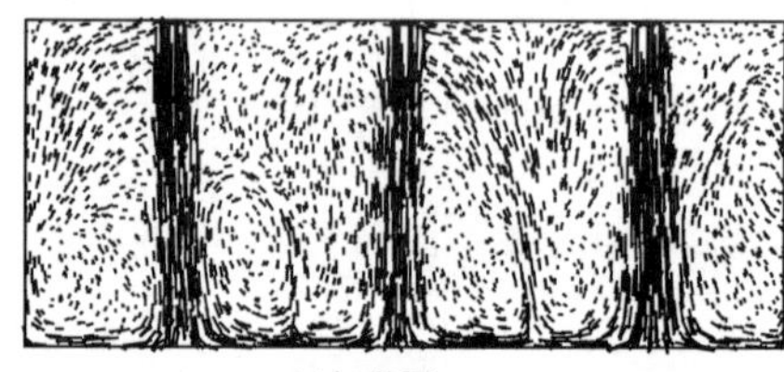

(a)矢量图

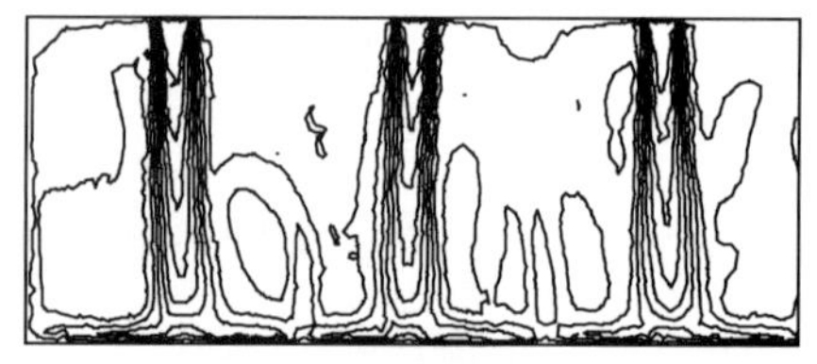

(b)速度等值线图

图 6-47 列车 $z=1.45$ m 左半截面的流场

由图 6-47 可以看出，在风口下方气流比较集中，而且气流速度明显大于其他区域的流速，故在乘坐地铁时处于送风口下方站立的乘客能感到明显的吹风感($V=0.3$ m/s)；且由于相邻送风扇送风气流之间的相互作用，使得在两个送风扇之间沿地面运动的气流对撞后上扬，这是造成地面灰尘和污染物在列车内部扩散的主要原因。而图 6-48 说明，在座位上坐着的乘客，相对能获得较好的送风效应。对于实际的车厢，通常座椅下方是呈凹形的，气流运动到达座椅下方时，产生回流，将使得其向上运动的趋势减弱，座位区域的气流速度会明显减小。送风气流的运动特征如图 6-49 所示。

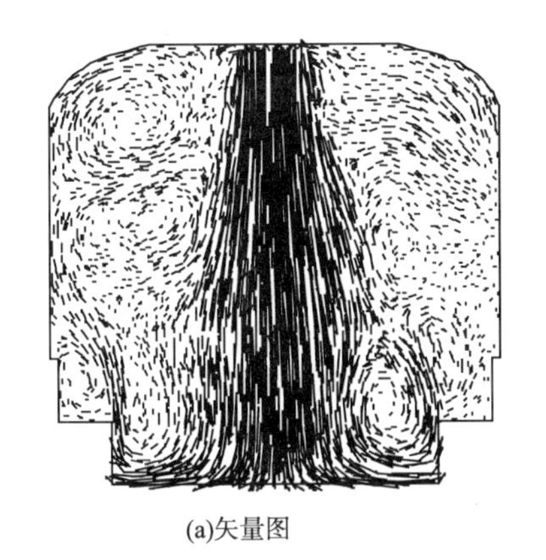
(a)矢量图

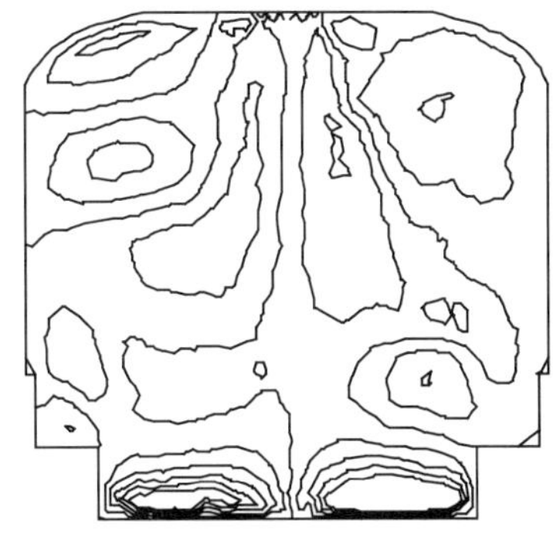
(b)z方向速度分量等值线图

图 6-48　列车 x =7.7 m 截面流场

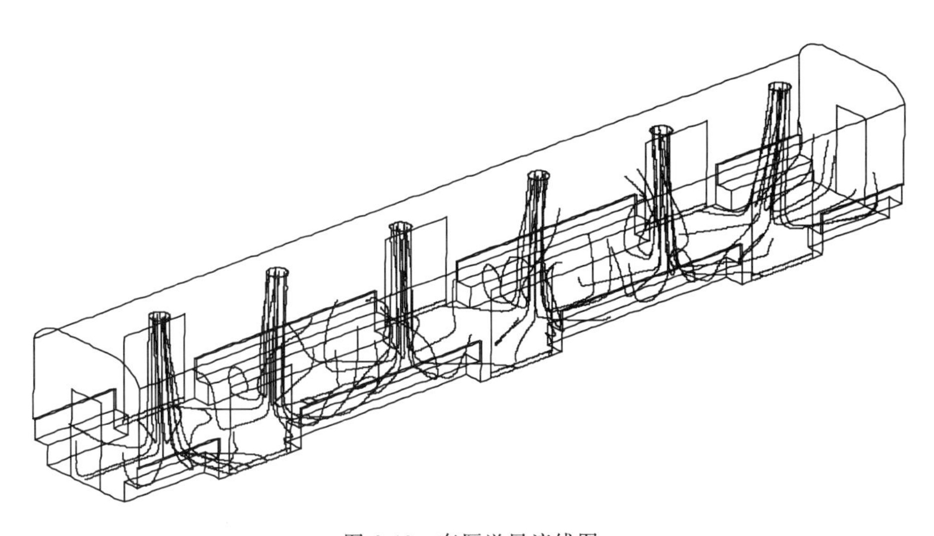

图 6-49　车厢送风流线图

对列车内部污染物扩散的稳态浓度场模拟结果如图 6-50(彩插)所示。图中给出了 z = 1.45 m 横截面及高度分别为 1.2 m 和 1.7 m 水平截面污染物的浓度分布情况,浓度的单位为 mg/L。

从图 6-50 中可以看出,除了送风扇附近区域外,列车内部污染物浓度均大于 0.01 mg/L,这个浓度远大于其不可耐浓度(阈浓度)。特别是对于靠近释放源的区域,浓度高达5 mg/L。左、右侧车厢浓度以 0.2 mg/L 为界分为左侧高浓度区和右侧低浓度区,而在 2 号和 3 号送风扇之间的区域(即释放源附近区域),浓度大于 0.8 mg/L,该区域是车厢内的高危险区。

从浓度场的分布可以看出,在释放源附近区域的扩散受到 2 号和 3 号送风扇送风气流上扬夹带作用,使得该区域成为高浓度区。而高度为 1.2 m 和 1.7 m 水平截面,分别对应了坐姿和站姿乘客的呼吸平面,该平面浓度场具有明显的区域效应。而且随着高度的增加,高浓度区域面积有所增大,说明污染物首先受气流上扬的夹带作用而向上运动,平流作用占主导,随着向上气流运动速度的减小,湍流扩散作用占主导,而向四周扩散。

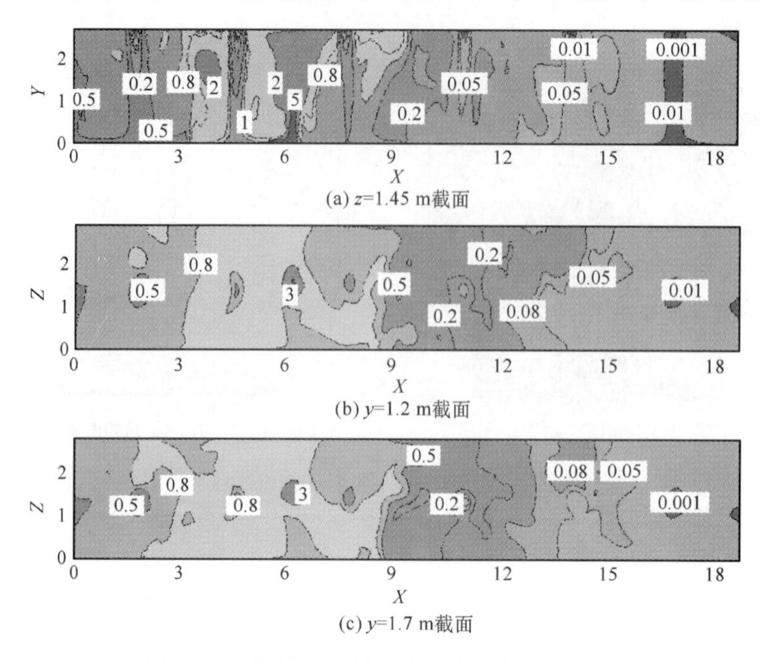

(a) z=1.45 m截面

(b) y=1.2 m截面

(c) y=1.7 m截面

图 6-50　不同截面污染物的浓度场分布(mg/L)

此外,送风扇送风气流对污染物的扩散具有一定的分隔效应,所以右侧车厢的浓度明显小于有释放源存在的左侧车厢,特别是在 5 号送风扇靠右的区域,污染物的浓度比左侧车厢的浓度小了一个数量级。

利用不同时刻瞬时浓度场的模拟结果,对时间进行数值积分,计算得到相应时刻的剂量场。图 6-51 中阴影部分对应了不同时间车厢内剂量发展变化情况。

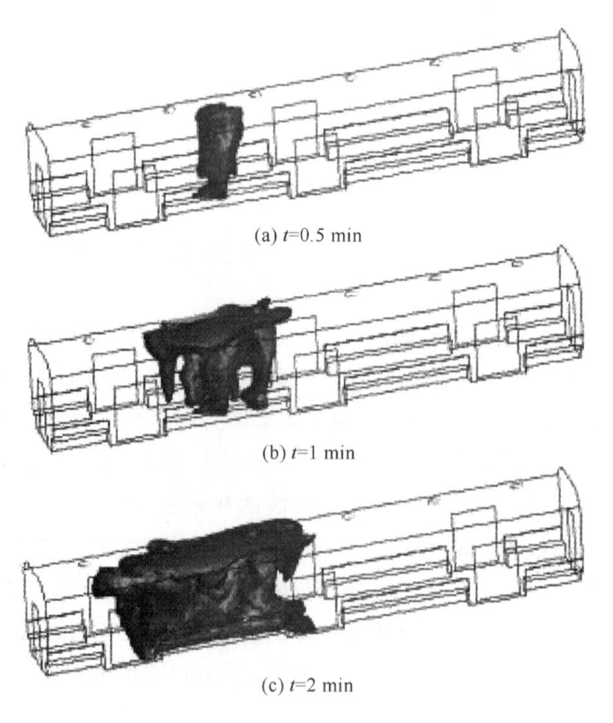

(a) t=0.5 min

(b) t=1 min

(c) t=2 min

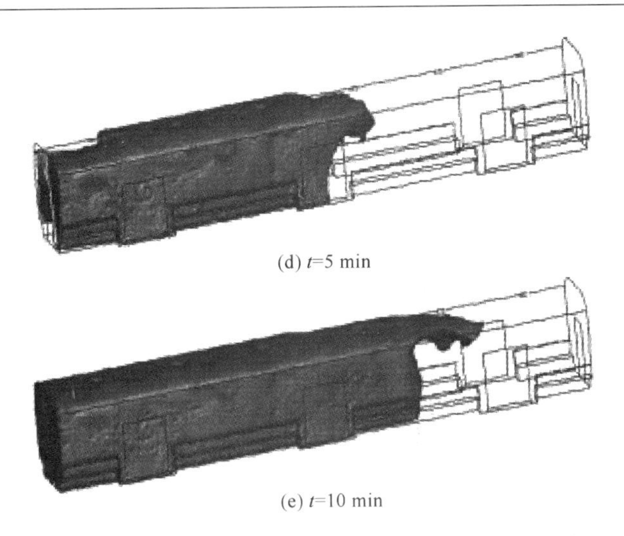

(d) t=5 min

(e) t=10 min

图 6-51　不同时间车厢内部达到致死毒害剂量的区域

6.2.3.2　地铁车站 GB 扩散的数值仿真

以某典型岛式站台的地铁车站为例(结构示意图如图 6-52 所示),假设 2008 年 3 月 20 日上午 10 时,列车正好从站台右侧进站,如图中箭头所示方向。在离站台楼梯口 20 m 处发生有毒污染物扩散事件,源强为 8 kg。其中,P1、P2、P3 和 P4 为离地面 1.7 m 高(人员的呼吸平面高度)沿站台释放源下风方向 15 m、55 m、站厅层和出入口通道的浓度监视点。模拟所得浓度和剂量随时间的分布如图 6-53 所示,各监视点的浓度和剂量与时间的关系见表 6-3 和表 6-4。

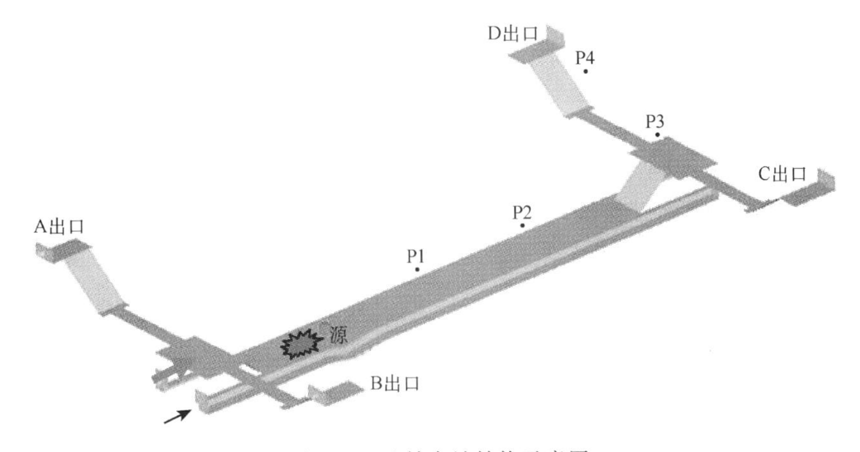

图 6-52　地铁车站结构示意图

表 6-3　空间不同位置达到相应浓度或毒害剂量级的时间(s)

空间位置	$C=0.001\ g/m^3$	最大浓度	D_p	Ict_{50}	Lct_{50}
P1	11	55	21	34	41
P2	52	144	77	108	124
P3	95	200	125	169	194
P4	148	292	187	242	272

表 6-4 不同时间的暴露剂量($g\cdot s/m^3$)

时间	P1	P2	P3	P4
2 min 暴露剂量	41.8	5.1	0.149	0
5 min 暴露剂量	58.9	31.0	17.4	9.4

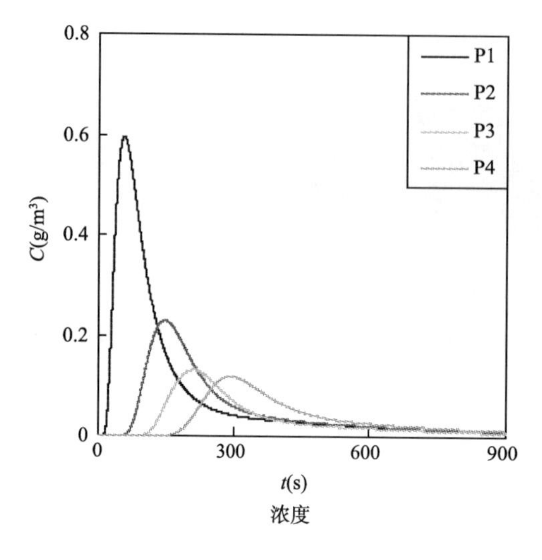

浓度

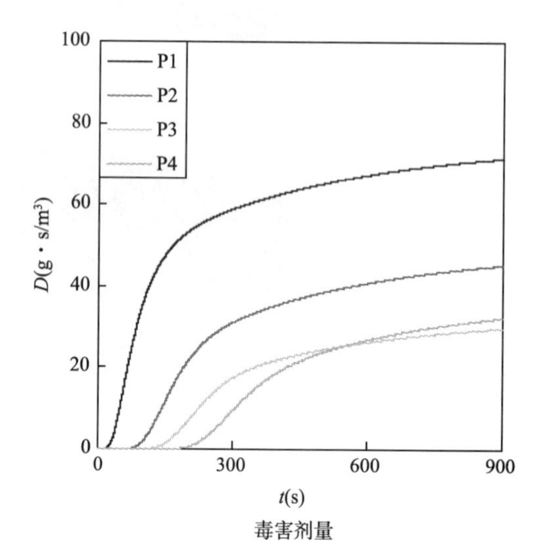

毒害剂量

图 6-53 监视点模拟结果

可见,空间各点的浓度随时间的分布存在一个最大值,且离初始源位置越远的点其最大浓度值越小,如图 6-54(彩插)所示;随着暴露时间的增长,其暴露剂量随时间越来越大;当该位置浓度未达到最大值时,其毒害剂量也可达到半致死剂量,如表 6-3 所示,空间各点浓度达到最大值所需的时间均大于达到 Lct_{50} 所需时间。

由模拟可知,爆炸约 3 min 后污染物将扩散到远端站厅层,也就是站台层的乘客和工作人员的逃生时间为 3 min。但是由于列车进站的抽吸作用,在 A 出口和 B 出口端的通道和站厅形成了向车站站台方向流动的气流,且未受污染,可作为主要逃生通道。由剂量场模拟结果可知(图 6-55(彩插)),3 min 时远端站厅和出入口通道还处于允许的剂量范围,可作为人员的逃生通道;因此,应该组织车站站台上的人员在 3 min 内通过近侧出站口撤离车站,同时打开隧道应急通风(通风系统须装有滤毒装置),使新鲜空气由出站口流入,使逃生人员迎面保持新鲜空气。

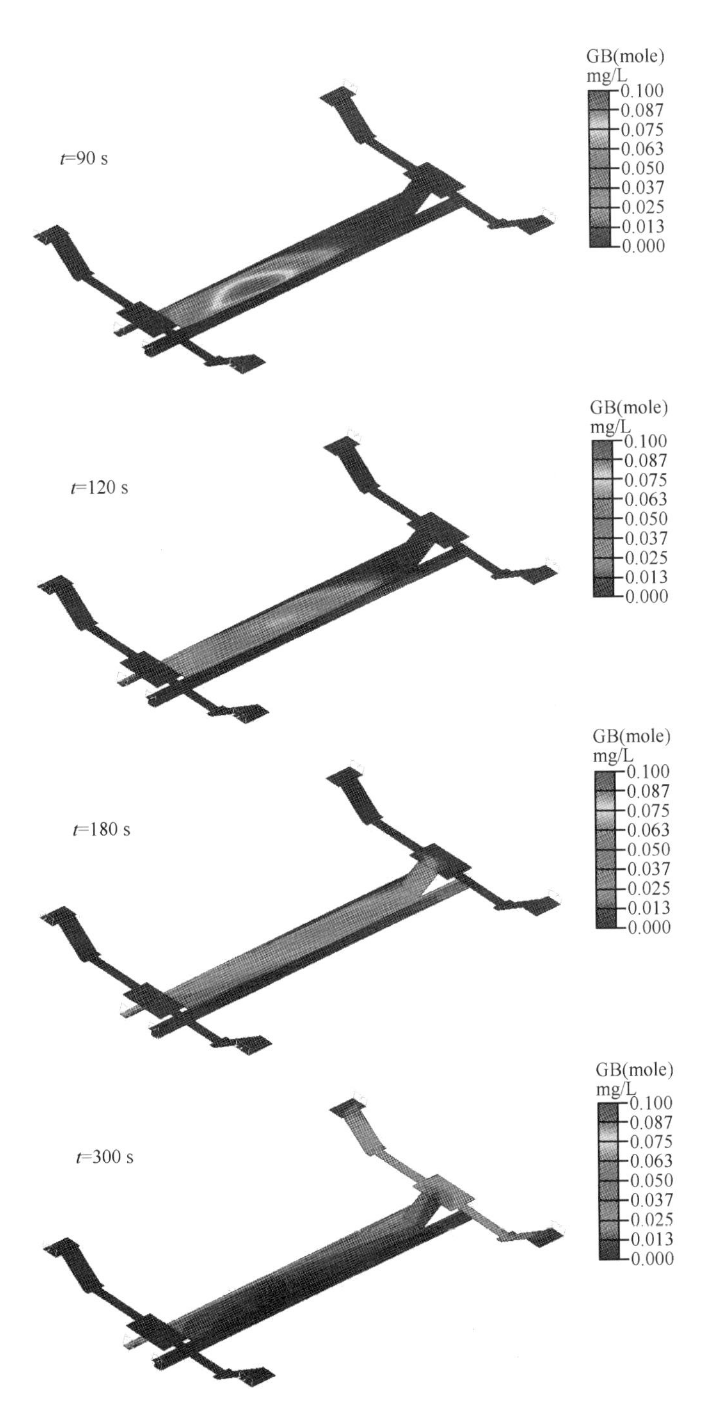

图 6-54　浓度随时间的分布

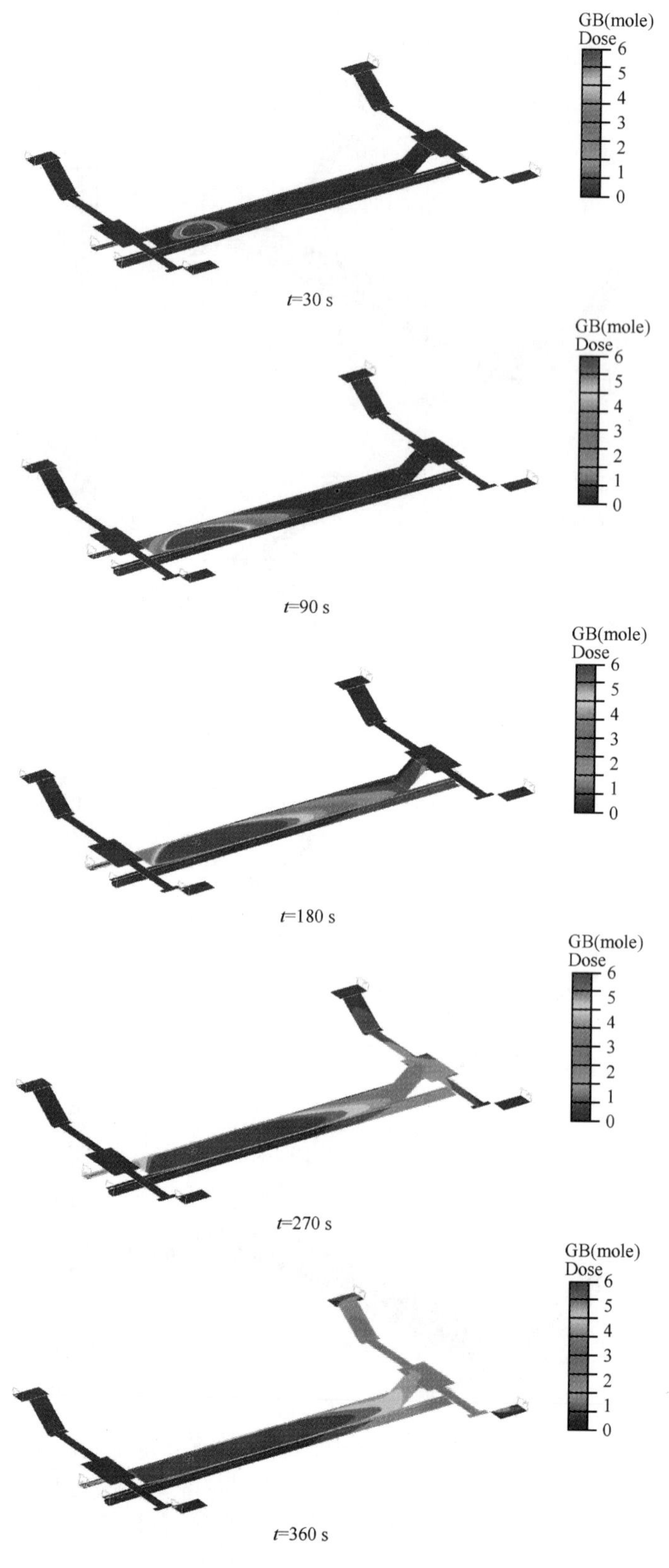

图 6-55　剂量随时间的分布

6.3　Tecplot 后处理

6.3.1　概述

Tecplot 是 Amtec 公司推出的一个科学绘图软件，可将大量数据转成直观的图表和影像，可用于数值模拟、数据分析和测试的数据处理。Tecplot 软件提供了 *XY* 曲线图、二维和三维绘图。在工程和科学研究中 Tecplot 的应用日益广泛，用户遍及航空航天、国防、汽车、石油等工业，以及流体力学、传热学、地球科学等科研机构。Tecplot 软件图形界面如图 6-56 所示。

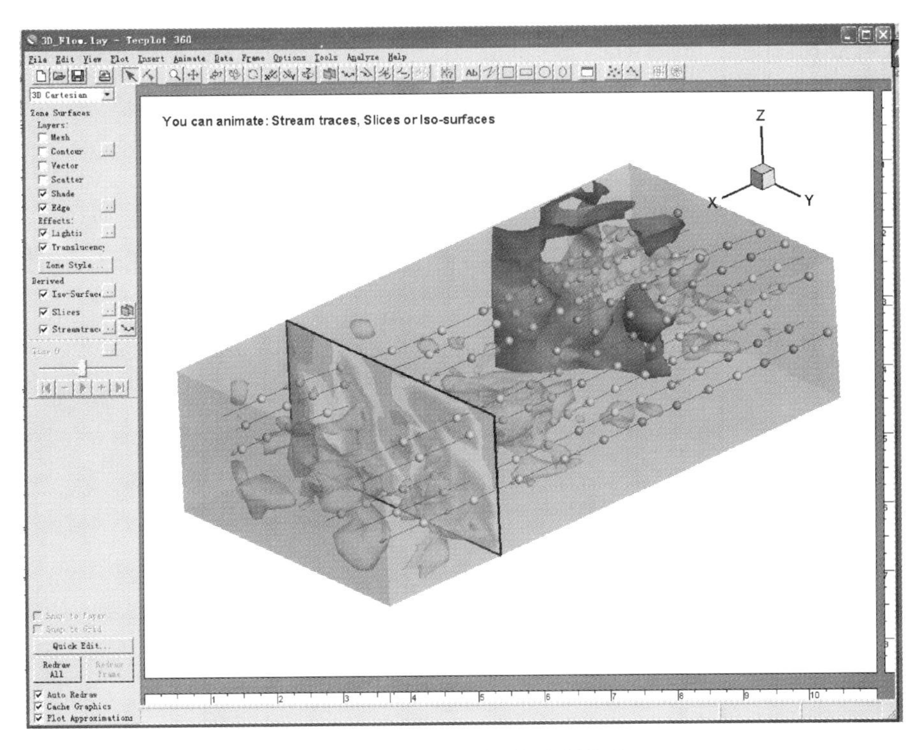

图 6-56　Tecplot 软件图形界面

6.3.1.1　主要功能

Tecplot 软件主要具有以下功能：

(1)可直接读入常见的网格、CAD 图形及 CFD 软件(PHOENICS、FLUENT、STAR-CD)生成的文件。

(2)能直接导入 CGNS、DXF、EXCEL、GRIDGEN、PLOT3D 格式的文件。

(3)能导出的文件格式包括了 bmp、avi、Flash、jpeg、Windows 等常用格式。

(4)能直接将结果在互联网上发布，利用 FTP 或 HTTP 对文件进行修改、编辑等操作。也可以直接打印图形，并在 Microsoft Office 上复制和粘贴。

(5)可在 Windows 9x\Me\NT\2000\XP 和 UNIX 操作系统上运行，文件能在不同的操作平台上相互交换。

(6)利用鼠标直接点击即可知道流场中任一点的数值，能随意增加和删除指定的等值线(面)。

(7)ADK 功能使用户可以利用 FORTRAN、C、C++等语言开发特殊功能。

6.3.1.2 Tecplot 可导入的数据格式

Tecplot 软件可以直接调入近 20 种软件生成的数据文件。Tecplot 数据导入界面如图 6-57 所示。

(1)CFD 格式：计算流体力学通用注释系统 CGNS(Computational fluid dynamics General Notation System)，FLUENT5.0 以上版本(*.cas 和 *.dat)，Gridgen，KIVA 和 PLOT3D 的数据和边界文件。

(2)数据格式：Hierarchical Data Format(HDF)，Excel 表(只适用于 Windows)，数字交换格式(Digital eXchange Format，DXF)，数字图层格式(Digital Elevation Mapformat，DEM)，ASCⅡ文件，Tecplot ASCⅡ和 Tecplot 二进制文件。

(3).FEA 格式：ABAQUS，ANSYS，FIDAP，LS-DYNA，MSC. NASTRAN，MSC. PATRAN，PAM-CRASH，SDRC-IDEAS 和 STL。

(4)其他数据格式：HDF5，逗号或空格分隔的 ASCⅡ，EnSight6，EnSight Gold，原有 Tecplot ASII 和 Tecplot 二进制文件。

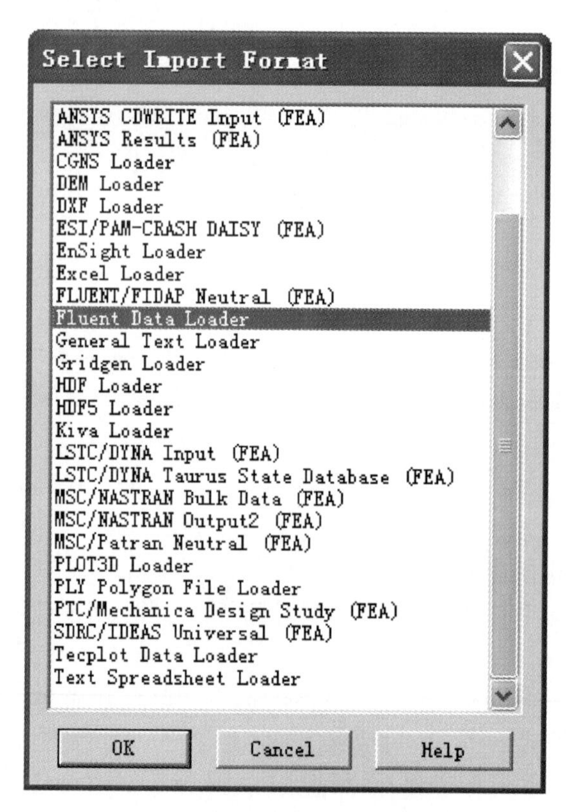

图 6-57 Tecplot 数据导入对话框界面

6.3.1.3　读入 FLUENT 文件的步骤

FLUENT 格式文件的数据都保存于网格中心，因为 Tecplot 要求所有的数据位于节点，所以在加载数据时会采取算术平均中心点数据以给出节点数据。FLUENT 文件数据加载器(Fluent Data Loader)对话框如图 6-58 所示。

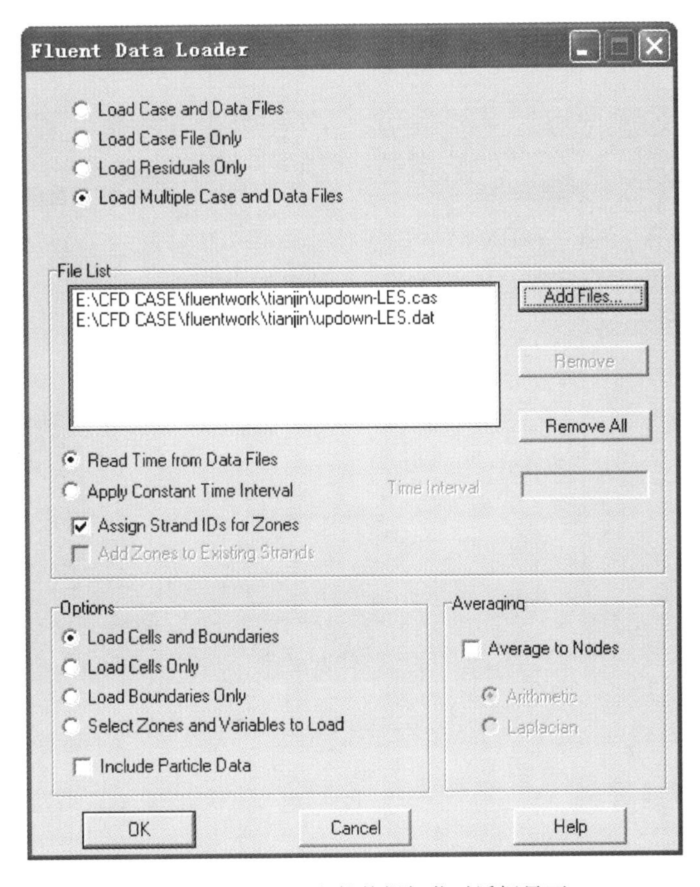

图 6-58　Fluent 文件数据加载对话框界面

选择加载网格和数据文件(Load Case and Data File)：读入 *.cas 和 *.dat 文件，Tecplot 会读入所有的变量并且加入 Tecplot 数据系列。

选择只加载网格(Load Case File Only)：只读入 FLUENT 中的 *.cas 文件。

选择只加载残差(Load Residuals Only)：只加载残差数据(收敛记录)。

选择加载多个网格和数据文件(Load Multiple Case and Data File)：读入多个 *.cas 和 *.dat 文件。

通过 Add Files 按钮选择需要加载的 *.cas 和 *.dat 文件。在选项对话框中，可加载数据的格式要求和平均计算方法。对于有滑移网格或者计算区域非常复杂的 FLUENT 数据加载往往会出错，此时可以在 FLUENT 中输出感兴趣区域的 Tecplot 数据(在 FLUENT 中，选择 File/Export 命令)，然后通过 Tecplot 数据调入 Tecplot Data Loader 读取该数据文件后进行处理。

6.3.1.4　数据 Alter 处理

利用 Tecplot 的 Data 菜单能够对原始数据进行处理，包括数据的修改，建立新区域，提取某一需要的面、边或点的某个变量值，更改区域的名称，显示当前图形的具体数据信息等。利用 Alter 功能，可通过定义方程（specify equations），将整个区域内的数据均增加某一值、减小某一值或增加为原来的若干倍等操作。Tecplot 数据修改（Alter）功能界面如图 6-59 所示。

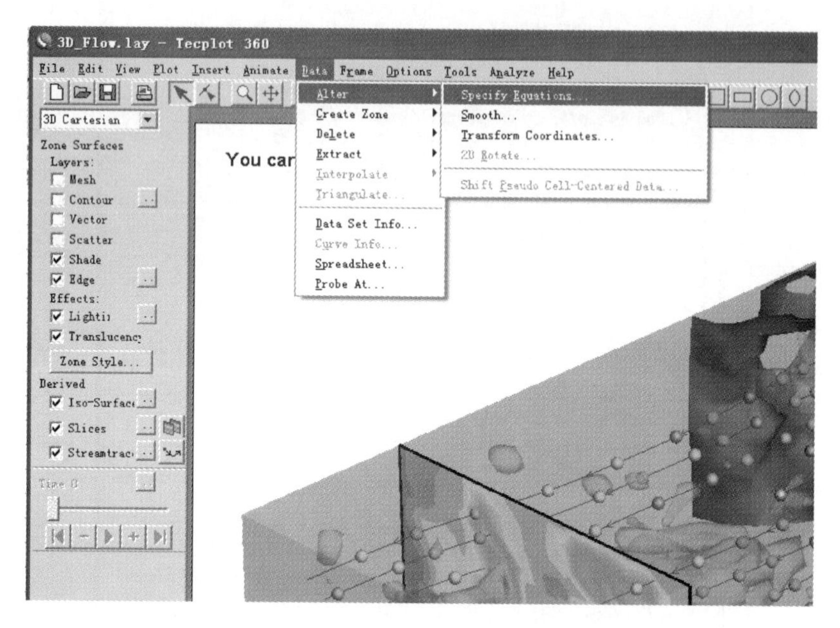

图 6-59　Tecplot 数据修改（Alter）功能菜单界面

6.3.2　数据处理过程

6.3.2.1　坐标、边框显示

将数据导入 Tecplot 后，首先需要选择图形的显示方式，即选择 2D、3D 或 XY line 等。通常 Tecplot 会自动识别导入的图形类型。而后选择 Frame/Edit Current Frame，会出现编辑当前帧对话框，在此处可设置边框的尺寸和位置或者设置边界线、题头、背景等。

在选择 Plot/Axis 打开对话框，如图 6-60 所示，可设置坐标轴的显示方式，包括范围、标签、网格等。

6.3.2.2　绘制等值线图

在工作区左侧区域中选中 Contour，单击右侧的按钮，弹出如图 6-61 所示的对话框，可以详细设置等值线图。在变量（Var）列表中可选择需要显示的变量，图例（Legend）用于显示图像颜色的深度和对应的数量值；Levels 选项用于设置等值线的条数。

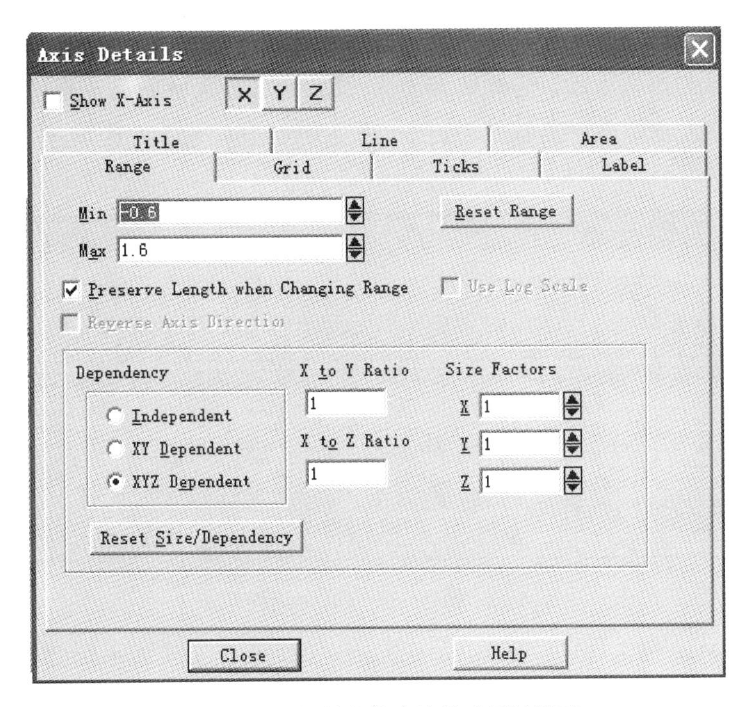

图 6-60　坐标轴的修改编辑对话框界面

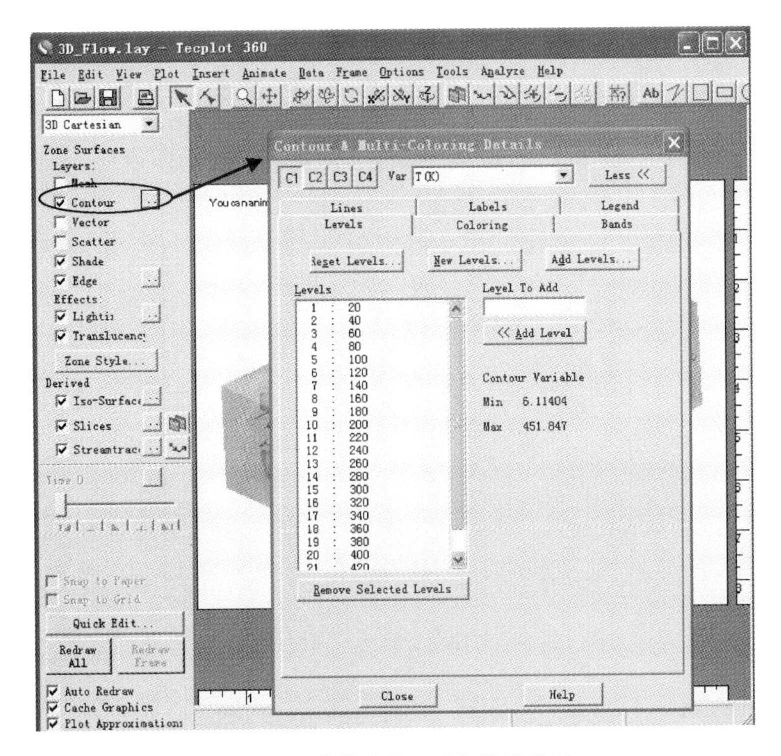

图 6-61　等值线的显示与设置界面

6.3.2.3 绘制 *XY* 曲线

当关心模拟数据的大小或与实验结果进行对比时，可将区域内某一直线上的变量数据绘制成 *XY* 曲线。首先选择图形类型“XY line”，单击 Mapping Style…按钮，弹出 Mapping Style 对话框，如图 6-62 所示。

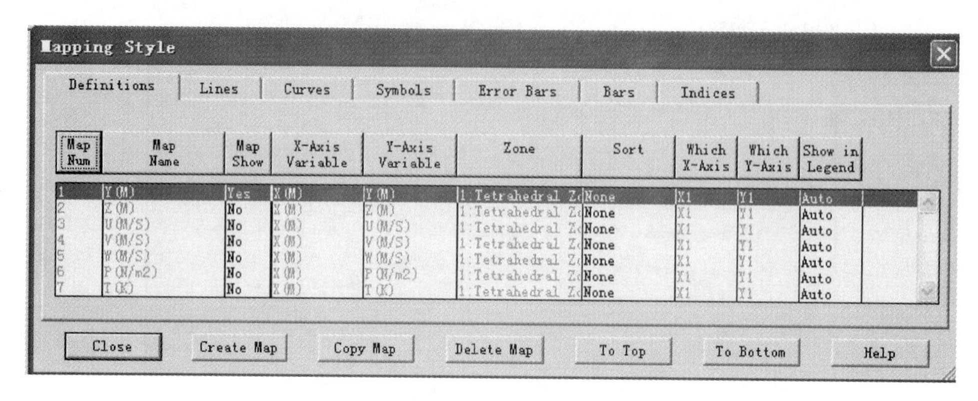

图 6-62　Mapping Style 对话框界面

单击 Create Map 按钮，弹出 Create Mapping 对话框中定义所要显示曲线的横纵坐标，如图 6-63 所示，根据绘图要求，定义图像横纵坐标的变量类型及绘图名称。之后，修改坐标范围满足图形显示需要。当需要对数据进行调整时，可选用 Alter/Specify Equations…菜单命令，定义公式对变量进行调整。采取相同的方法可以导入实验等其他数据与当前数据进行比较分析。

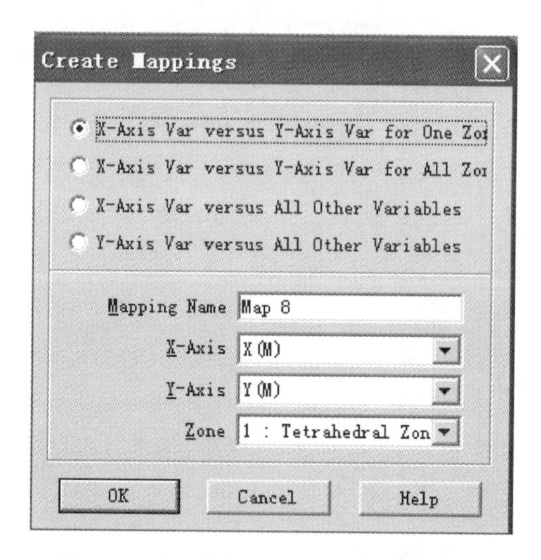

图 6-63　*XY* 曲线变量的定义对话框界面

6.3.2.4 动画生成

Tecplot 动画工具可利用内置功能自动创建等值线、切片、区和流线等的动画，也可运用宏语言创建复杂动画。其输出 Flash(SWF)、avi 和 Raster Metafiles(RMs)格式视频，并可通过 Tecplot Frame 电影播放器进行查看。动画生成操作界面如图 6-64 所示。

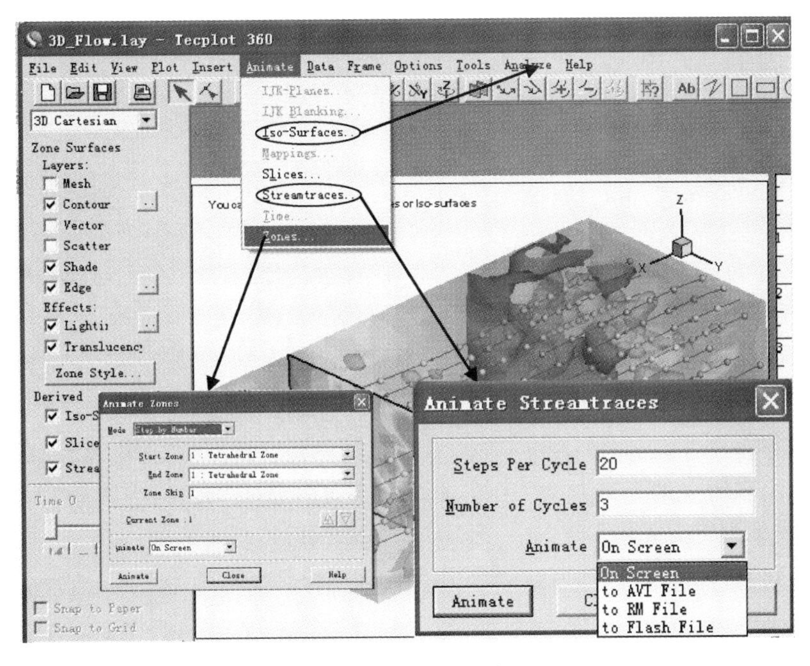

图 6-64 动画生成对话框界面

6.3.3 应用示例

对某通风房间的 FLUENT 数值模拟结果，利用 Tecplot 进行处理，房间结构模型如图 6-65 所示，送风方式为上送上排，送风速度为 0.85 m/s。

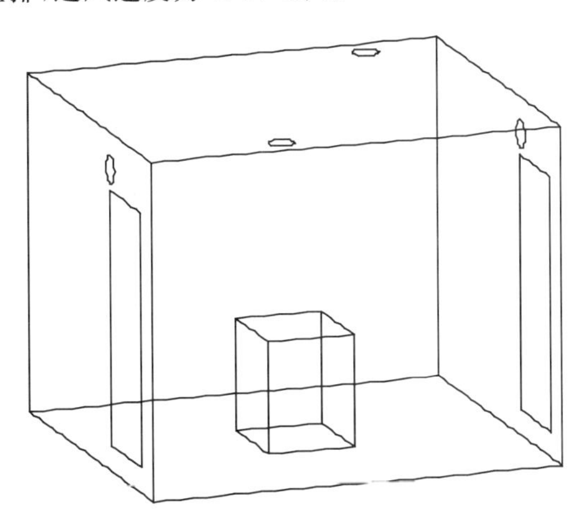

图 6-65 房间结构模型

图 6-66 给出了 x 方向速度分量的等值线图。可见，当障碍物位于房间中央时，沿地面流动的气流受到障碍物的阻挡，在障碍物迎风面形成顺时针漩涡，同时左侧壁面附近的气流速度明显减小；在障碍物上方气流水平向右运动的趋势增强，右上方的逆时针漩涡结构尺度变大。在高大室内空间，送风不可能到达室内的每一个区域，在障碍物背风面通常容易导致有毒有害物质滞留（浓度富集），造成空气质量差，甚至形成高危害区域。

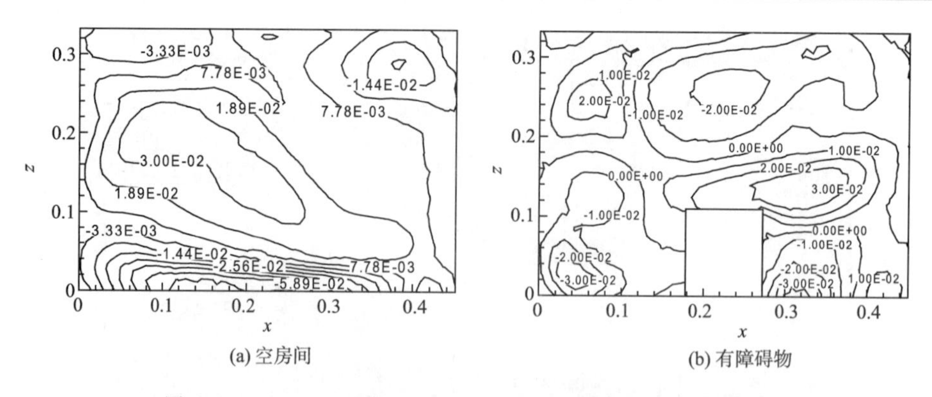

图 6-66 $y=0.205$ 截面 x 方向速度分量等值线(单位:m/s)

当有热源存在或考虑室内的热效应时,室内温度将呈层状分布;在热源表面上方气流在热浮力的作用下具有明显的上升趋势,形成对周围空气的卷吸作用。当障碍物上表面温度为40℃,热量生成率为100 W/m^2 时,$y=0.205$ m截面的温度场分布如图6-67所示。由于障碍物上表面的热效应,形成热羽流,室内温度分布具有明显分层效应。

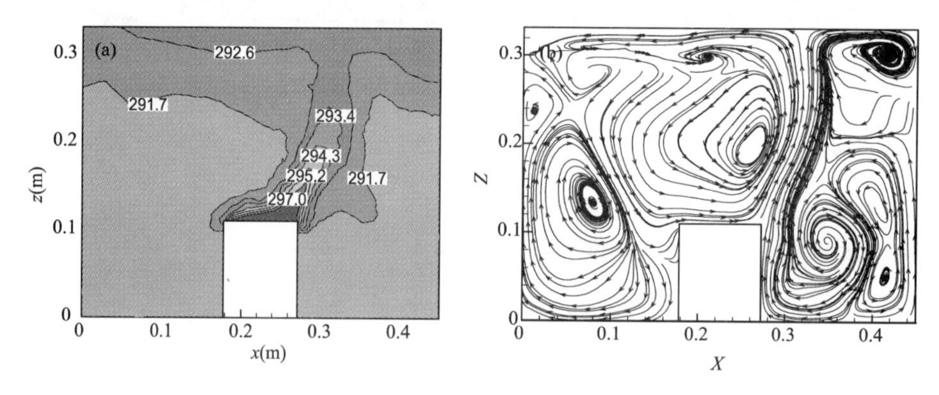

图 6-67 $y=0.205$ m截面的温度等值线(a)和流线图(b)

参考文献

Hinze J O. 湍流[M]. 黄永念，颜大椿译. 北京：科学出版社，1987.

杜新安，曹务春. 生物恐怖的应对与处置[M]. 北京：人民军医出版社，2005.

刘采峰，彭岚，刘朝. 列车车厢内火灾烟气运动的数值模拟研究[J]. 热科学与技术，2003，**2**(4)：352-357.

陶文铨. 数值传热学(第二版)[M]. 西安：西安交大出版社，2004.

尤学一，李莉. 非稳态微生物在建筑群内迁移的数值模拟[J]. 安全与环境学报，2008，**8**(1)：76-78.

张兆顺，崔桂香，许春晓. 湍流理论与模拟[M]. 北京：清华大学出版社，2005.

赵彬，李先庭，彦启森. 暖通空调气流组织数值模拟的特殊性[J]. 暖通空调，2004，**34**(11)：122-127.

Blay D, Mergui S, Niculae C. Confined turbulent mixed convection in the presence of a horizontal buoyant wall jet[J]. *Fundamentals of Mixed Convection HTD*, 1992(213):65-72.

Brohus H, Nielsen P V. Personal exposure in displacement ventilated rooms[D]. Aalborg University, Denmark. 1997.

Chen Q, Srebric J. Simplified diffuser boundary conditions for numerical room airflow models[R]. *ASHRAE RP*-1009. 2001.

Chen Q, Xu W. A zero-equation turbulence model for indoor airflow simulation[J]. *Energy and Building*, 1998, **28**:137-144.

Chen Q. Comparison of different k-ε models for indoor air flow computations[J]. *Numerical Heat Transfer* (*Part B*), 1995 (18):353-369.

Fariborz Haghighat, Yin Li, Ahmed C. Megri. Development and validation of a zonal model-POMA[J]. *Building and Environment*, 2001, **36**:1039-1047.

Federal Emergency Management Agency. Building Design for Homeland Security Instructor Cuide[R]. 2004.

Kim S E. Large eddy simulation using unstructured meshes and dynamic subgrid-scale turbulence models[R]. Technical Report AIAA-2004-2548, American Institute of Aeronautics and Astronautics, 34th Fluid Dynamics Conference and Exhibit. 2004.

Kim W W, Menon S. Application of the localized dynamic subgrid-scale model to turbulent wall-bounded flows [R]. Technical Report AIAA-97-0210, American Institute of Aeronautics and Astronautics, 35th Aerospacc Scicnccs Meeting, Reno, NV, 1997.

Launder B E, Spalding D B. The numerical computation of turbulent flows[J]. *Computer Methods in Applied Mechanics and Engineering*, 1974, **3**:269-289.

Lisa ChenY, Wen Jin. Application of zonal model on indoor air sensor network design[EB/OL]. Drexel E-Respository and Archive, http://idea. library. drexel. edu/.

Nielsen P V. The selection of turbulence models for prediction of room airflow[J]. *ASHRAE Transactions*, 1998, **104**(B):1119-1127.

Posner J D, Buchanan C R, Dunn-Rankin D. Measurement and prediction of indoor air flow in a model room [J]. *Energy and Building*, 2003, **35**:515-526.

Restivo A. Turbulent flow in ventilated rooms[D]. University of London, UK, 1979.

Sørensen D N, Nielsen P V. Quality of computational fluid dynamics in indoor environments[J]. *Indoor Air*, 2003, **13**:2-17.

Wang L, Chen Q. Theoretical and numerical studies of coupling multizone and CFD models for building air distribution simulations[J]. *Indoor Air*, 2007, **17**(5): 348-361.

Wiclox D C. *Turbulece Modeling for CFD*[M]. DCW Industries, Inc. 1994.

Yakhot V, Orszag S A. Computational test of the renormalization group theory of turbulence[J]. *Journal of Scientific Computing*, 1988,**3** (2):139-147.

Yakhot V, Orzag S A. Renormalization group analysis of turbulence, I: Basic theory[J]. *Journal of Scientific Computing*, 1986.

Zhang W, Chen Q. Large eddy simulation of indoor airflow with a filtered dynamic subgrid scale mode. International[J]. *Journal of Heat and Mass Transfer*, 2000,**43**:3219-3231.

Zhang Z, Chen Q. Experimental measurements and numerical simulations of particle and distribution in ventilated rooms[J]. *Atmospheric Environment*, 2006(40):3396-3408.

Zhengen R, John S. Prediction of personal exposure to contaminant sources in industrial building using a subzonal model[J]. *Environmental modeling & Software*, 2005,**20**:623-638.

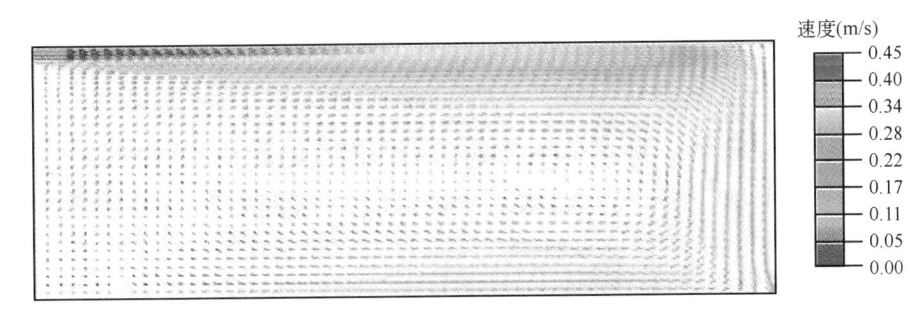

图 5-25 速度场的数值模拟结果

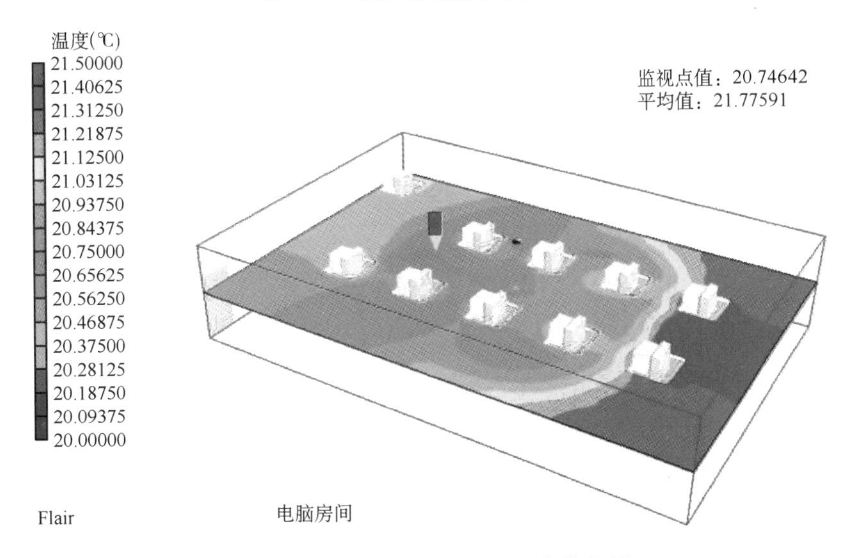

图 6-17 1.5 m 高度水平面温度分布图

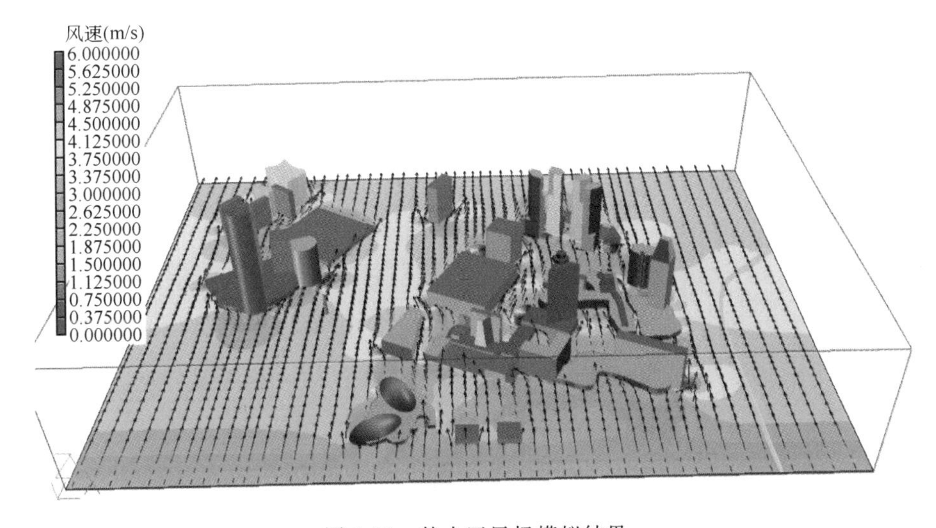

图 6-19 某小区风场模拟结果

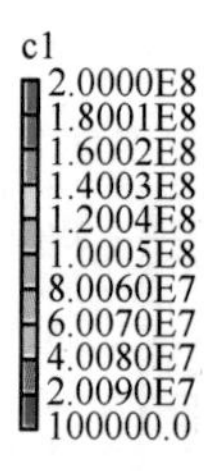

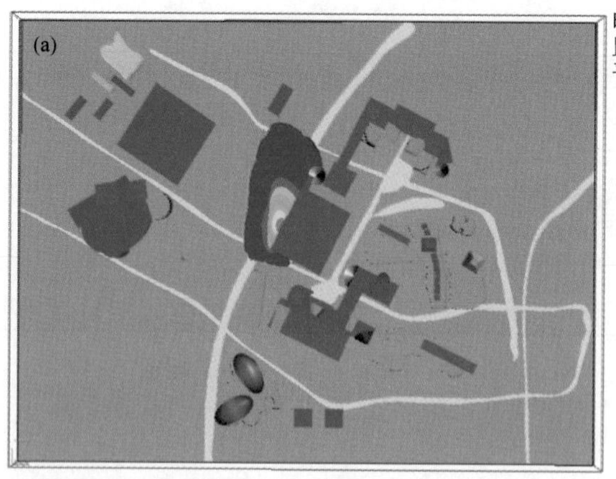

时间：60 s
监视点值：8638.589
平均值：555452.9

c1
8.0000E7
7.2010E7
6.4020E7
5.6030E7
4.8040E7
4.0050E7
3.2060E7
2.4070E7
1.6080E7
8090000.
100000.0

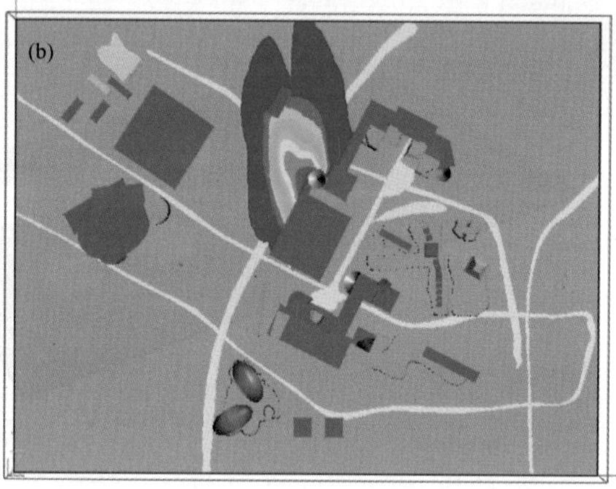

时间：120 s
监视点值：5.252067
平均值：910325.5

图 6-20　某小区污染物扩散模拟结果(a)60 s;(b)120 s

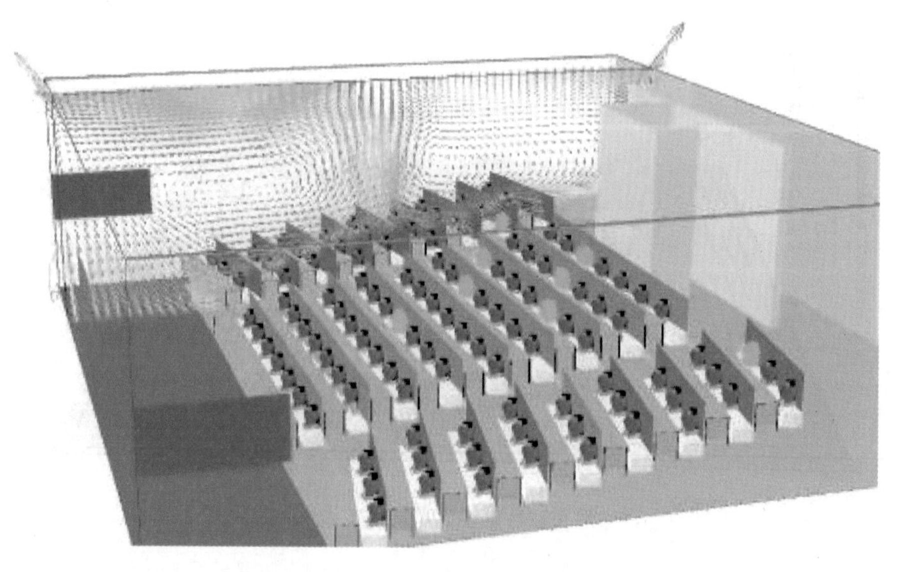

图 6-22　$x=3$ m 截面气流运动分布

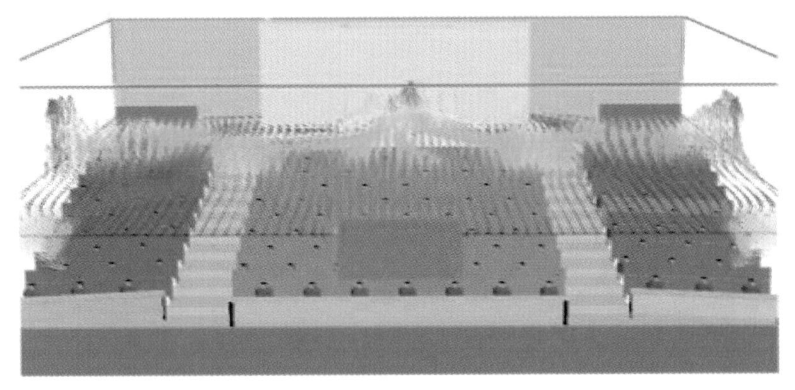

图 6-23　$z=3$ m 截面气流运动分布

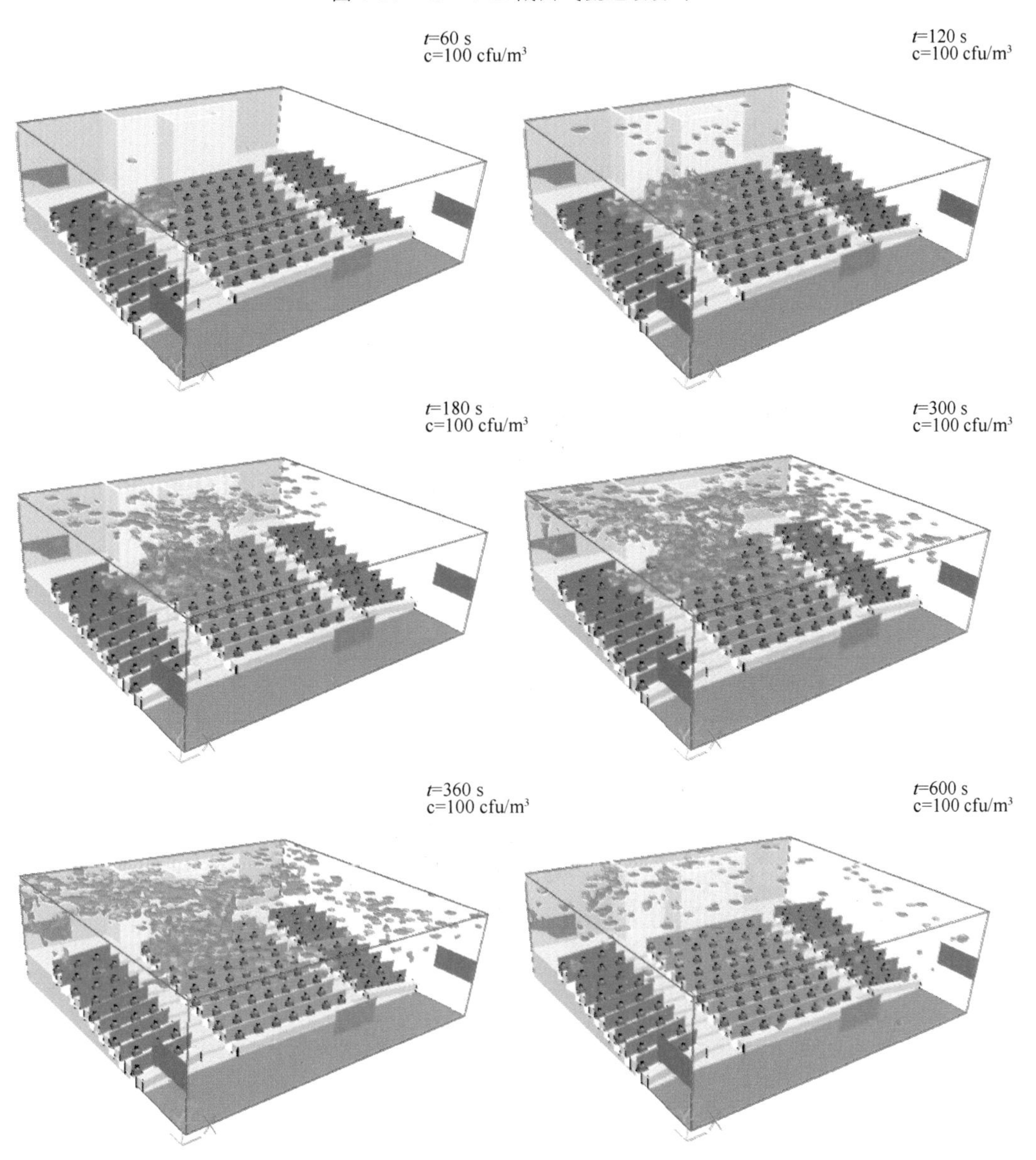

图 6-24　不同时间颗粒物的浓度分布

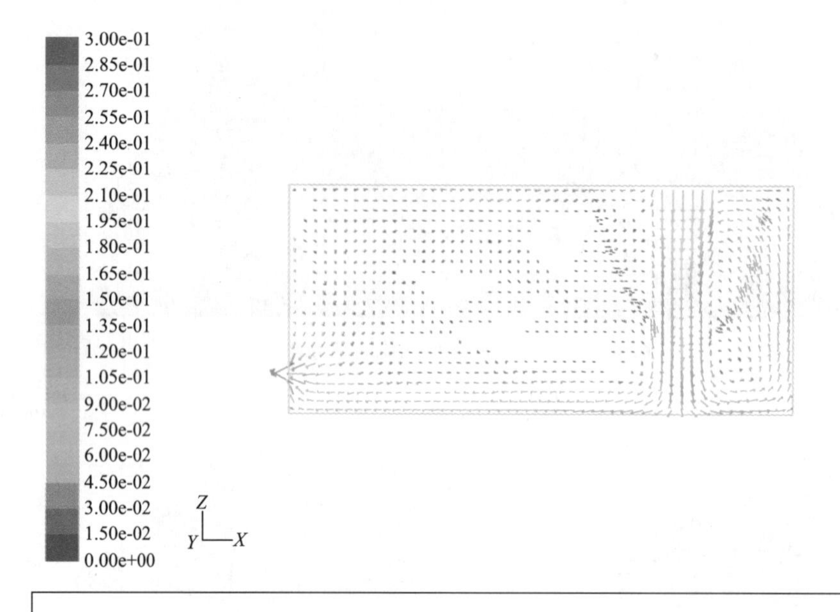

图 6-43　速度矢量图

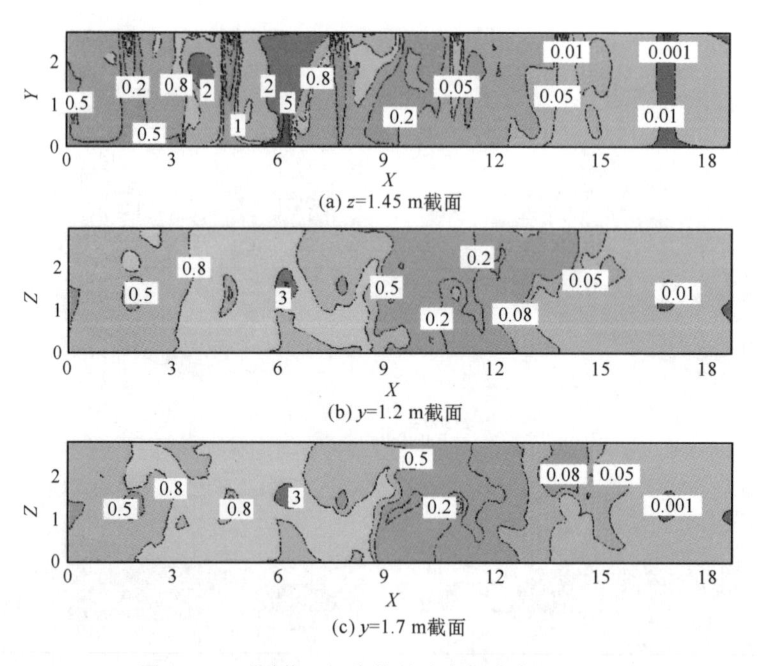

图 6-50　不同截面污染物的浓度场分布(mg/L)

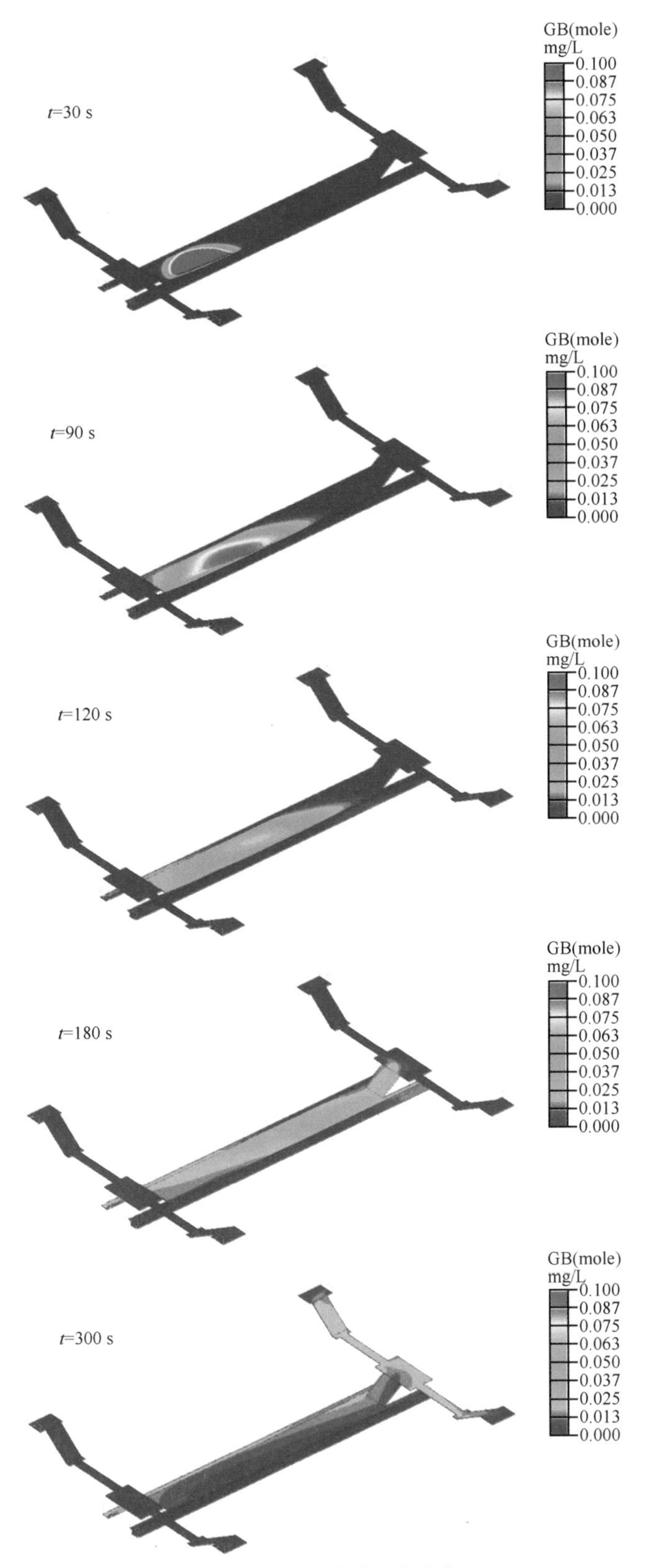

图 6-54　浓度随时间的分布

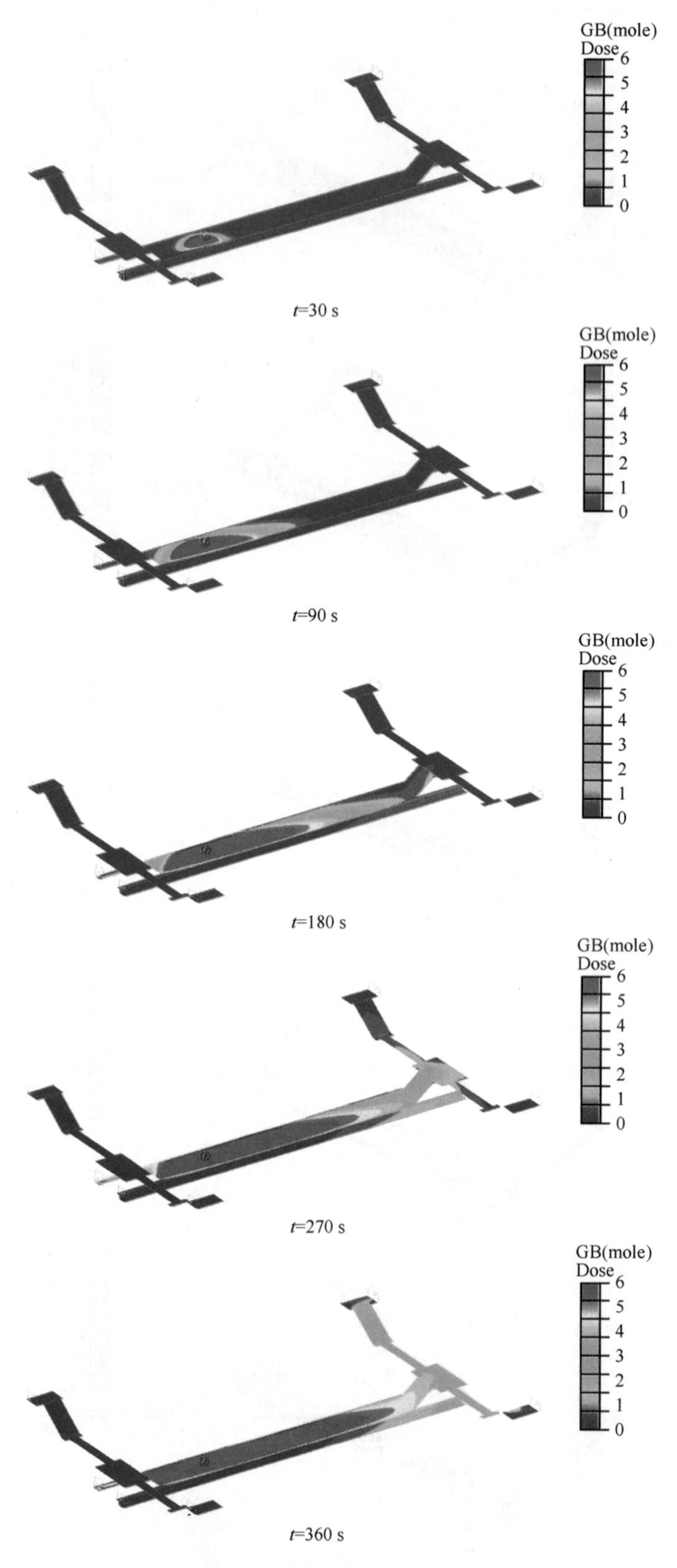

图 6-55 剂量随时间的分布